U0155329

震损型钢混凝土结构加固修复抗震性能

许成祥　许奇琦　著

科 学 出 版 社

北 京

内 容 简 介

本书是作者近年来对震损型钢混凝土框架结构加固修复后的抗震性能研究工作及其成果的总结。本书首先对震损型钢混凝土结构的现状等进行了简单介绍，然后分别详细介绍型钢混凝土框架结构地震损伤机理、不同材料加固震损型钢混凝土构件抗震性能、外包钢加固震损型钢混凝土框架结构抗震性能、型钢混凝土组合构件地震损伤程度量化评判。

本书可供土木工程领域的科研人员、工程技术人员和高等院校相关专业的师生阅读，也可供相近专业的科技人员参考。

图书在版编目(CIP)数据

震损型钢混凝土结构加固修复抗震性能/许成祥，许奇琦著. —北京：科学出版社，2020.12

ISBN 978-7-03-064535-7

Ⅰ. ①震… Ⅱ. ①许…②许… Ⅲ. ①型钢混凝土-混凝土结构-抗震性能-研究 Ⅳ. ①TU375

中国版本图书馆 CIP 数据核字（2020）第 033822 号

责任编辑：任加林 / 责任校对：王 颖
责任印制：吕春珉 / 封面设计：东方人华

科学出版社 出版
北京东黄城根北街 16 号
邮政编码：100717
http://www.sciencep.com
三河市骏杰印刷有限公司印刷
科学出版社发行 各地新华书店经销
*
2020 年 12 月第 一 版 开本：B5（720×1000）
2020 年 12 月第一次印刷 印张：11
字数：211 000

定价：80.00 元
（如有印装质量问题，我社负责调换〈骏杰〉）
销售部电话 010-62136230 编辑部电话 010-62139281（BA08）

版权所有，侵权必究

举报电话：010-64030229；010-64034315；13501151303

前　言

型钢混凝土组合结构具有良好的抗震性能，在地震设防区已有广泛应用，但《建筑抗震鉴定标准》（GB 50023—2009）、《建筑抗震加固技术规程》（JGJ 116—2009）和《地震灾后建筑鉴定和加固技术指南》（建标〔2008〕132 号）均没有针对型钢混凝土结构建筑的抗震鉴定和加固条款。因此，研究震损型钢混凝土结构加固后的抗震性能提升，可为型钢混凝土结构建筑抗震鉴定和加固设计提供理论支持。

本书通过物理模型试验、理论分析和数值模拟相结合的研究手段，以最常见的型钢混凝土框架结构为研究对象，建立适用于型钢混凝土结构的地震损伤模型，定量地描述型钢混凝土组合结构在地震作用下的损伤演化规律。基于试验研究和理论分析成果，作者提出型钢混凝土组合结构对应性能水平的损伤指数及相应于“三水准”抗震设防的损伤指数允许值，评判型钢混凝土框架结构地震破坏等级，对震损结构提出加固修复方案。分析地震损伤型钢混凝土组合结构加固机理，应用新材料、新工艺，探讨其加固修复方法；通过预损型钢混凝土框架柱、框架节点和两跨三层框架结构模型加固修复后拟静力加载破坏试验，评估加固修复后构件与结构的抗震性能。

作者课题组成员卢海林、曾磊、李成玉、倪铁权、孙艳及研究生查昕峰、潘航、万冲、卢梦潇、许奇琦、杨建明、马作涛、王辰飞、辛星、彭胜、邓杰、台梦瑀、徐茜等参与了涉及本书的试验和理论分析工作。

本书所涉及的研究工作得到国家自然科学基金“震损型钢混凝土组合结构损伤量化评判及抗震加固受力性能研究”（项目编号：51478048）及湖北省自然科学基金（创新群体）“震损钢-混凝土组合结构加固修复抗震性能研究”（项目编号：2015CFA029）的资助。

限于作者水平，书中难免存在不足和疏漏之处，敬请读者批评指正。随着课题研究工作的深入开展，作者期待对本书论述内容做进一步的完善和充实。

许成祥

2019 年 12 月

目　录

1　绪　　论

1.1　震损结构修复加固与结构抗震加固的差异

地震作用会引起建筑结构的损伤，且损伤随着循环次数的增加而逐渐累积，故建筑结构经受多次地震损伤将对其后续服役期间的承载能力和剩余寿命产生重大影响。因此，寻求合理的方法定量描述结构构件在地震作用下的损伤程度越来越受到国内外学者的关注[1-3]。

“5・12”汶川地震中，大量建筑结构遭受地震损伤。从地震灾区调查结果来看[4,5]，除少数地区的建筑坍塌和破坏严重外，受灾地区轻微或中度损伤的建筑占有相当高的比例，尤其是依据我国《建筑抗震设计规范（2016 年版）》（GB 50011—2018）进行抗震设计并正常施工和使用的建筑，即使烈度过大出现了不同程度的损坏，也依然能做到“中震可修，大震不倒”。对于可以再修的建筑，无论从解决灾区群众安居问题的急迫性还是灾后重建的经济性来看，“加固、修复”都要比“推倒重建”合理[6,7]。

从工作目的和加固前的基础条件分析，结构震后修复加固不同于结构抗震加固，抗震加固是对不满足抗震设防要求的建筑结构进行加固，提升结构抗震能力；结构震后修复加固是在原结构受到损伤前提下，通过对损伤进行修复达到恢复原抗震能力或提升原结构抗震能力的目的。因此，在震后修复加固中，如何评定建筑物的损坏程度、选择何种有效的加固方法、加固后结构达到怎样的抗震能力、加固方法在快速荷载下的力学性能和破坏形态均是土木工程领域震后修复加固工作亟须解决的科学问题[8,9]。

1.2　震损型钢混凝土结构国内外研究现状及展望

1.2.1　型钢混凝土组合结构地震损伤量化评判研究现状

1.2.1.1　结构地震损伤准则研究

结构地震损伤是指结构在地震作用开始到地震作用结束的不同阶段的现象，表现为从混凝土出现微裂缝到结构中某些构件丧失承载力或整个结构倒塌。结构在罕遇地震作用下主要有两类破坏：①首次超越破坏；②累积损伤破坏。首次超越破坏是由于结构在地震作用下，结构的强度、位移或延性等首次超过某个允许值而导致结构倒塌破坏。累积损伤破坏是在地震反复作用下结构出现低周疲劳破坏，使结构材料性能退化而最终导致结构倒塌破坏。

在地震作用下要对结构进行破坏评估分析，首先要建立结构的破坏评估准则。结构在地震作用下的破坏评估准则主要分为两类：①单参数地震破坏评估准则，如变形准则、延性破坏准则、刚度准则和能量准则；②基于变形和能量的双参数地震破坏评估准则。在罕遇地震作用下，对于多自由度结构的弹塑性反应，一般都以结构的整体变形超过给定的限值或结构主要承重构件破坏作为结构的破坏判别标准。

目前被工程界普遍接受的破坏评估指标是建立在位移首次超越和塑性累积损伤联合效应的基础之上，即认为结构最大位移与累积损伤的破坏界限相互影响，随着累积损伤的增大，结构最大位移的控制界限不断降低；反过来，随着最大位移的增大，结构累积损伤的控制界限也不断降低。

地震作用可以看作是一种随机往复载荷，对于结构的破坏是一个损伤累积的过程，用强度准则和变形准则很难描述。同时大量实际灾害表明，地震序列对结构的损伤破坏有很大的影响。结合这两个方面的研究，一些学者提出了位移-能量双重破坏评估准则，认为结构的破坏是由变形和能量积累消耗两个方面造成的。

Banon 等[10]首先将结构破坏表示为最大变形和累积耗能的函数，建立了变形和能量双参数破坏准则。但是由于所统计数据的离散性太大，未能引起学术界和工程界的足够重视。

Park 等[11]提出的最大反应变形和累积耗能的线性组合地震破坏准则，通过大量的试验和震害调查给出了损伤模型。之后 Park 经过研究发现，损伤的限值服从对数正态分布，于是进行修正，提出一个平均值的损伤模型修正。

Usami 等[12]改进了 Park-Ang 破坏准则，引进了屈服位移这一参数，并提出修正模型。

李军旗等[13]在单轴累积损伤的基础上修正建立双轴累积损伤模型。

熊仲明等[14]以 Park-Ang 破坏准则为基础，通过引用 Q 模型法作为分析手段，对等效单自由度体系进行时程分析并给出结构的破坏指数。之后，熊仲明等对确定能量累积损伤指数的影响因素做了进一步的研究[15,16]。研究表明，在恢复力模型选择时，刚度退化对损伤指数 D 的影响较大，提出了基于能量的二阶段设计方法。

最大变形和能量双重破坏准则通过能量和位移的耦合作用反映框架结构的破坏，在一定程度上反映了结构倒塌的原因。但是它本身也存在缺陷，刘伯权等[17]对双参量和修正双参量的损伤变量模型提出质疑。大量试验表明，构件破坏时吸收的能量并不是稳定的，与加载方式和路径有很大关系。最大变形和能量双重破坏准则认为变形积累和滞回耗能之间是线性关系，但试验证明，这种线性关系并不存在，它们之间是一种非线性的关系。

王东升等[18]在 Park-Ang 破坏准则的基础上提出新的改进形式，考虑加载路径对损伤的影响，同时降低组合系数的不确定性对损伤指数计算结果的影响。

近年来，Teran 等[19,20]基于 Miner 假定，研究了低周疲劳的破坏机理，给出了考虑低周疲劳的双参数破坏准则。

傅剑平等[21]收集了近 10 年钢筋混凝土柱的循环加载试验结果，并通过对 Park-Ang 破坏准则模型分析识别发现：在该准则预测结果中，损伤指数 D 的位移项和能量项的比重与构件在滞回循环中达到的位移延性的关系与近年来试验研究中逐步认识到的随着位移延性的增大损伤指数的位移项的比重相应增大而能量项的比重相应下降的规律是相反的；并根据上述试验结果提出了对该准则的修改建议。

吕杨等[22]提出一种基于能量阈值的评估钢筋混凝土柱竖向剩余承载力的损伤准则。该损伤准则是单步能量阈值与总滞回能的线性组合，能反映能量阈值与总能量相互耦合的影响。

1.2.1.2 结构地震损伤模型研究

震害经验和各国学者的研究表明，由于地震是一种往复作用，并且地震动持续时间一般较短，地震作用下结构的损伤不仅与最大变形有关，还与结构的低周疲劳效应所造成的累积损伤有关。结构的非弹性性能应该用能够全面反映结构的变形和累积损伤效应的损伤性能参数来描述。基于上述两种破坏形式，通过反映结构不同破坏机理的损伤参数描述结构或构件的损伤，一般从以下三个方面着手：①变形；②能量；③变形和能量的综合。从损伤参数的数量来看，结构的地震损伤模型可以分为单参数损伤模型和双参数损伤模型。由于结构地震损伤是一个含义广泛的术语，损伤的定义和计算问题十分复杂。选择什么样的参数可以反映结构力学性能变化，描述结构的损伤程度，这不仅与损伤的概念和定义有关，还要使所选择的参数便于计算、能够直接或间接测量，并能描述结构地震损伤的发展，反映损伤机理。

一直以来国际地震工程界最有代表性的考虑结构累积损伤特点的破坏准则是 Park 和 Ang[11]提出的钢筋混凝土构件基于地震弹塑性变形和累积滞回耗能组合的地震损伤模型（Park 模型）。

在此基础上，陈永祁等[23]根据 Park 模型的思路，引入耗能指数η和延性系数μ，通过对比实际遭受唐山地震的结构的破坏状况，提出图解的双控破坏准则，用于描述结构层发生严重破坏时的损伤程度。

牛荻涛等[24]通过比较上述各种双参数破坏准则，指出以往破坏准则的参数组合形式不合理，且没能处理好参数β的取值问题，提出了变形与耗能的非线性组合形式。

李军旗等[13]改进了经典的 Park 模型表达式，认为应对大变形幅值下的累积耗能对循环损伤的影响应作折减。

为了符合损伤指数的定义与模型的通用性，吕大刚等[25]提出一种线性表达式的双参数模型，分别对最大变形和滞回耗能赋予了互补的权重参数。

岳健广[26]为研究其在结构内部的演化机理，提出变形等价原理与广义力-变形关系。由此，建立在各层次上力学概念相一致的多层次地震损伤模型。依据各层次地震损伤破坏的一般规律，结合广义力-变形关系曲线，提出多层次损伤性能水准，定义临界损伤指数与临界性能指标。利用归一化参数，以协调各层次广义损伤与性能水准的对应关系。

苏佶智等[27]基于 40 组钢筋混凝土柱的试验结果，对国内外 7 种较具代表性的损伤模型进行了对比分析。研究结果表明，对于同一试件，不同损伤模型计算得到的损伤指数差异较大，损伤曲线发展趋势也不同；基于能量的损伤模型多表现出前期增长速度快和后期增长速度慢的上凸趋势，而基于变形和能量组合形式的双参数损伤模型多表现出前期增长速度慢和后期增长速度快的上凹趋势；Park-Ang 模型及其改进形式能够较好地反映构件层次的损伤发展过程，但未知参数较多，计算过程较复杂，不利于整体结构层次的震害评估；从能量耗散原理角度提出的损伤模型更符合整体结构抗震的本质，未知参数少且计算过程简单，但存在边界条件的界定不明确的缺陷，因此还需要做更深入的研究。

1.2.1.3　型钢混凝土结构地震损伤模型研究

目前关于地震损伤模型的研究大多是针对钢筋混凝土构件，关于型钢混凝土构件的损伤国内外研究资料很少。

李翌新等[28]以强度的衰减来表征构件因循环加载效应而引起的疲劳累积损伤，对劲性钢筋混凝土构件的累积损伤进行了研究。

白国良等[29]基于考虑变形幅值和循环加载效应影响的累积损伤模型，对型钢混凝土框架柱在反复荷载下的损伤发展过程进行了分析。

郑山锁等[1]为了较好地分析型钢高强高性能混凝土柱在地震荷载作用下的损伤破坏机理，通过对现有几种地震损伤模型的分析比较，并结合低周反复荷载作用下型钢高强高性能混凝土柱的滞回特性，建立以最大变形处卸载刚度的退化和累积的残余塑性变形为破坏参数的地震损伤模型，并结合已有的试验结果对损伤模型进行了非线性回归分析，确定模型中相关参数，同时分析剪跨比、混凝土强度、轴压比对型钢高强高性能混凝土柱损伤累积和发展的影响。

曾磊等[30]为了研究地震作用下型钢高强高性能混凝土框架节点的损伤迁移特征和性能退化机理，通过 5 榀 1/4 比例框架节点的拟静力试验，对不同轴压比、不同混凝土强度等级的梁柱节点进行了研究；确定了节点损伤变量及涉及的损伤参数，将试验研究结果进行了损伤量化；对试验框架节点的损伤演化过程进行了计算分析，在分析已有地震损伤模型的基础上，提出了适合型钢高强高性能混凝土框架节点的地震损伤模型。

许成祥等[31,32]为连续定量地描述实腹式型钢混凝土框架柱在地震作用下的损伤过程，设计并制作了 4 根实腹式型钢混凝土框架柱模型，对其进行了低周往复荷载破坏试验。基于已有地震损伤模型存在的不足，结合型钢混凝土框架柱地震损伤特性，提出了以最大变形处刚度退化和累积滞回耗能为参数的地震损伤模型。该地震损伤模型对型钢混凝土框架柱抗震设计、动力可靠性分析和震害评估提供理论参考。

1.2.1.4 地震损伤量化评判研究

目前国内外专家给出了许多建（构）筑物的破坏等级划分方法和标准[33]，但这些方法和标准有些相近，有些相差较大，未形成统一的标准，这就对震后地震现场震害调查、灾害损失评估、烈度评定、建筑物安全鉴定等工作带来不便，容易造成混乱。

从有关参考文献[34]来看，建（构）物破坏等级可分为 3～7 级不等，但目前大多数人习惯采用五级的划分，即基本完好（含完好）、轻微损坏、中等破坏、严重破坏和毁坏（或倒塌）。国家标准《建（构）筑物地震破坏等级划分》（GB/T 24335—2009）对所有建（构）物的破坏等级均划分为五个等级。破坏等级划分的基本原则：以承重构件的破坏程度为主，兼顾非承重构件的破坏程度，并考虑修复的难易和功能丧失程度的高低为划分原则。建（构）筑物的各构件，无论是承重构件还是非承重构件都会发生破坏，甚至倒塌伤人，但承重构件破坏造成的危害最严重。为此，在评定破坏等级时，首先着眼于承重构件破坏的程度，在此基础上考虑非承重构件破坏的程度及结构使用功能的丧失程度。

目前，建（构）筑物构件破坏程度的描述大都采用模糊词语来表述[35]。主要原因是现有的水准还达不到给出明确数量化的程度；同时地震所产生的破坏相当复杂，很难用确切的量化词语来表述。因而，在实际应用中，由于很难准确掌握这些模糊词语的尺度，造成破坏等级评定时，不同评定人的评定结果与实际震害存在较大的偏差。

周娜等[36]从钢筋混凝土结构损伤破坏机理出发，通过改进结构地震损伤指数模型计算框架结构主要构件和结构整体损伤指数，定量描述钢筋混凝土结构或构件在地震作用下的损伤演化规律。

朱树根等[37]针对目前震后钢筋混凝土框架结构的损伤程度多以定性评定为主的现状，借助 Pushover 分析方法，结合现有的国内外有关规范，通过考虑结构的层间位移、塑性较发展、频率降低等指标的变化，对结构在地震作用下可能出现的五种破坏状态“基本完好、轻微损坏、中等破坏、严重破坏、倒塌”进行定量划分。

刘哲锋等[38]认为结构震害可分为位移首次超越破坏与累积损伤破坏两种模式，其根源均是某一瞬时段内结构能量耗储能力与地震耗储需求不匹配造成的。基于对结构震害的这一认识，将结构地震损伤定义为结构在单向水平荷载作用下耗散塑性应变能与存储弹性应变能能力的减弱，并构建结构地震损伤量化模型。

岳健广等[39]为掌握地震作用下结构在破坏过程中由材料至整体结构不同层次的非线性状态，基于单元耦合技术、多层次损伤性能水准、多层次地震损伤模型，提出了钢筋混凝土（reinforced concrete，RC）框架结构多层次地震损伤演化分析方法。根据耦合界面上能量平衡原理建立的单元耦合技术，能够同时准确计算结构整体力学性能和局部破坏细节，可用以结构多层次损伤数值模拟。按照“材料、截面、构件、楼层、结构”不同层次的破坏特征，提出了作为损伤性能评价标准的多层次损伤性能水准，且统一定义为五个水准。基于变形等价原理和广义力-变形曲线，建立了多层次地震损伤模型，其在各层次上具有一致的力学意义。以某原型 RC 框架结构试验为分析对象，详细阐述了结构多层次地震损伤演化分析方法。

徐龙河等[40]以 Park-Ang 损伤模型为基础，从构件及结构整体两个层次建立损伤模型，结合三层钢-混凝土模型结构振动台试验测试数据对有限元分析结果进行位移修正，并将修正数据应用于改进损伤模型中进行损伤评估。结果表明，将修正后的结果应用到损伤模型中能够较好地反映结构的损伤程度，并能定量化、连续化地描述结构的损伤过程，可以评估地震作用下结构构件和整个结构的抗震性能。

岳健广等[41]基于提出的变形等价原理定义了广义损伤变量，给出“材料、截面、构件、楼层、结构”多层次刚度损伤的计算方法，各层次的刚度损伤可由材料刚度损伤积分求得。利用 ABAQUS 软件建立“单跨 12 层钢筋混凝土标准框架模型试验”的计算模型，计算分析结构各层次的刚度损伤演化过程。

许成祥等[42]针对型钢混凝土框架结构的震后损伤等级没有明确的划分，为了进行型钢混凝土框架结构在地震作用下损伤评估的量化研究，采用层间位移角作为评价指标。该指标具有实用性和简洁性，易于被工程师接受。他们基于已有文献的 31 组试验，并考虑结构构件和非结构构件的破损程度，提出具有一定概率保证的型钢混凝土框架结构地震破坏等级对应的层间位移角限值。

刘伯权等[43]为明确 RC 框架结构的抗地震倒塌破坏机理，控制其失效路径，基于 1 榀 1/3 比例的三层三跨 RC 平面框架低周循环加载试验，通过量化构件、楼层及结构三个层次的损伤破坏程度，研究了不同层次损伤破坏之间的相互联系以及不同类型构件损伤程度对结构整体抗震性能的影响。

查昕峰[44]通过对 1 榀“强柱弱梁”型钢混凝土框架结构的低周反复加载试验，研究了型钢混凝土框架结构的受力性能：损伤过程、刚度退化、耗能能力等；根据试验所得滞回曲线和骨架曲线，分析了型钢混凝土框架结构的损伤过程。在试验的基础上利用有限元软件 ABAQUS 对试验模型进行了三维非线性有限元分析，定量分析了型钢混凝土框架结构的损伤演化过程。

Xu 等[45]通过折减材料性能的方法模拟震损，在 ABAQUS 有限元软件中对外包钢加固型钢混凝土（steel reinforced concrete，SRC）框架结构在地震作用下的破坏过程进行了数值模拟；采用改进的 Park-Ang 双参数地震损伤模型，计算了主要构件和整个结构的损伤指数，并得到了框架各构件及整体的损伤演化曲线。结果表明：通过折减材料性能来模拟预震损的方法是合理的；改进的地震损伤模型能定量计算结构在各个循环阶段损伤指数，拟合出的损伤演化曲线能直观表现框架结构各部件与整体的损伤趋势；在一定程度上外包钢加固能使震损 SRC 框架恢复甚至超过原来框架的抵抗地震损伤的能力。

邓杰[46]为了研究采用不同工程需求参数对 SRC 框架结构地震易损性评估结果的影响，分别以最大层间位移角、构件损伤指数和材料损伤指数作为工程需求参数，建立基于 OpenSEES 的 SRC 框架结构数值模型，对型钢混凝土框架结构进行地震易损性分析，得到了结构的易损性曲线，并对其评估结果进行了分析比较。分析结果表明，基于损伤指数的易损性曲线能表征结构在不同地震强度下各性能状态的失效概率，其与基于最大层间位移角的易损性曲线发展规律相似；采用基于构件损伤指数的 SRC 框架结构地震易损性评估结果比以最大层间位移角为工程需求参数所得结果更经济合理。

1.2.2 震损型混凝土组合结构抗震加固方法研究现状

1.2.2.1 混凝土结构加固方法

混凝土结构加固方法众多，常用的有增大截面法、粘贴纤维增强复合材料加固法、外粘型钢加固法等[47]。

不同的结构和材料有不同的加固方法。《混凝土结构加固设计规范》（GB 50367—2013）提出了混凝土结构加固方法，如增大截面加固法、外包型钢加固法、粘贴钢板加固法、体外预应力加固法、粘贴纤维复合材加固法、预应力碳纤维复合板加固法、裂缝修补技术等。《钢结构加固技术规范》（CECS77：96）提出了钢结构加固方法，如减轻荷载、改变结构计算图形、加大原结构构件截面和连接强度、阻止裂纹扩展等。《建筑抗震加固技术规程》（JGJ 116—2009）提出了对多层砌体房屋、多层及高层钢筋混凝土房屋、内框架和底层框架砖房、单层钢筋混凝土柱厂房、单层砖柱厂房和空旷房屋等的加固方法。

1.2.2.2　震损型钢混凝土结构加固方法

针对型钢混凝土结构的加固研究不多。邓宇等[48]提出纤维增强复合材料（fiber reinforced plastic，FRP）加固型钢混凝土梁，根据 FRP 加固型钢混凝土梁的几种破坏形式，给出了 FRP 加固型钢混凝土梁正截面抗弯承载力的计算公式。

李俊华等[49]通过火灾后碳纤维布和外包角钢加固型钢混凝土柱静力加载试验及常温与火灾后未加固试件的对比试验，研究碳纤维布和外包角钢加固对火灾后型钢混凝土柱承载力与刚度的修复效果。

谭清华等[50]基于结构受火和受力的连续性，提出火灾后和加固后型钢混凝土（SRC）柱力学性能的分析流程，采用有限元方法建立相应的分析模型；并以某受火后的型钢混凝土柱为例，对比分析火灾前、火灾后和加固后型钢混凝土柱的承载能力和抗弯刚度，获得使用阶段抗弯刚度和不同轴向荷载比下截面极限抗弯承载力火灾后的损失率和加固后的提高率；在轴向荷载比为 0～0.4 时，其截面极限抗弯承载力的损失率和提高率分别为 4.1%～6.4%和 3.9%～9.1%。

郭靳时等[51]就型钢混凝土柱在火灾后的加固修复研究方面进行论述，主要是围绕预应力钢带加固法、外包角钢加固法、碳纤维布加固法等加固方法，重点论述三种加固方法的加固方法与加固效果。

郭延生等[52]通过 2 个火灾后经预应力钢带加固的型钢混凝土柱与 4 个未加固的型钢混凝土柱（2 个常温型钢混凝土柱和 2 个火灾后的型钢混凝土柱）的对比试验，研究预应力钢带加固抗震性能修复的有效性。

1.2.3　震损型钢混凝土组合结构修复后抗震性能研究现状

1.2.3.1　模拟地震损伤

采用低周反复加载试验模拟震损，但控制标准不同：①以结构的变形量控制，考虑结构在中震和大震状态下的损伤程度：位移角 1/100 模拟中震时中度损伤，位移角 1/50 模拟大震时严重损伤。②以柱体裂缝最大宽度划分，试验中中等损伤标准为柱体裂缝最大宽度超过 0.3mm，严重损伤标准为框架柱达到极限承载能力。③以节点核心区出现交叉的斜裂缝作为中等地震的判断。④根据试件纵向钢筋达到屈服时对应位移作为塑性阶段的开始，并以此为基数设置更大幅度的震损。

采用振动台试验，输入地震波模拟地震，试验工况有 8 度多遇（0.084g）、8 度基本（0.24g）、8 度罕遇（0.48g）以及 8 度半罕遇（0.612g）。

1.2.3.2　震损型钢混凝土结构修复后抗震性能

（1）碳纤维增强复合材料（carbon fiber reinforced plastic，CFRP）加固震损型钢混凝土柱抗震性能试验[53-55]。基于震后快速修复的需求，提出了碳纤维布加固震损型钢混凝土框架柱方法。基于现行有关设计规范，按缩比 1∶3 设计并制作了 4 根型钢管混凝土框架柱模型，其中 1 根为原型对比柱，1 根为未损加固柱，2 根为模拟不同震损程度后采用碳纤维布加固修复柱，进行了低周往复加载破坏试验。试验结果表明： 试件在压、弯、剪复合受力下均表现为弯剪破坏，满足“强剪弱弯”的抗震设防要求；与原型对比柱相比，受中度震损柱经加固修复，其极限荷载平均提高了 10.41%，极限位移平均提高了 35.40%；受重度震损柱经加固修复，其极限荷载平均提高了 13.71%，极限位移平均提高了 32.68%。总体上，采用碳纤维布加固震损型钢混凝土框架柱是一种有效的抗震加固方法。

（2）外包钢加固震损型钢混凝土柱抗震性能试验[56-59]。选用型钢混凝土框架柱作为研究对象，进行了地震预损加载、外包钢加固后的拟静力试验。研究了不同震损程度下外包钢加固法对型钢混凝土框架柱的加固效果。地震预损按照 1/100 位移角和 1/50 位移角分别模拟了中度地震损伤和重度地震损伤。试验结果表明：往复荷载作用下，型钢混凝土柱均为压弯破坏；通过外包钢加固修复，震损型钢混凝土框架柱抗震性能均有不同程度的恢复；加固效果随着预损程度的加大而降低，在预损位移较大的情况下，加固效果受到限制。

（3）震损加固型钢混凝土柱抗剪承载力计算[60]。基于碳纤维布或外包钢套加固型钢混凝土柱试验研究，分析了原柱材料的地震损伤以及混凝土受剪机理的差异，比较了不同抗剪模型建立的抗剪承载力计算值的差异性。经验证，计算值与其试验值吻合较好，说明基于强度退化的震损加固型钢混凝土柱抗剪承载力计算公式是可行的。基于 GB 50010—2010、ACI318-08 和 CSA-04 三种不同抗剪模型建立的抗剪承载力计算值差异较大，说明震损加固柱中钢筋混凝土承担剪力的分析不容忽视。

（4）震损型钢混凝土柱加固方法比较[61]。基于碳纤维布或外包钢套加固型钢混凝土柱试验研究，分析了地震损伤程度以及加固方法的差异，比较了不同加固方法对重度损伤柱抗震效果的差异。研究表明，外包钢套有利于抑制加固柱承载力与刚度退化，碳纤维布有利于提高加固柱延性性能。重度地震损伤加固柱抗震性能得到恢复且超过原型对比柱，具有再次抵抗地震的能力，表现出良好的工程实践价值。

（5）碳纤维增强复合材料加固震损型钢混凝土框架节点抗震性能试验[62-64]。基于现行有关规范，按 1∶2 比例缩尺设计并制作了 4 个型钢混凝土框架节点试件。其中 1 个对试件，1 个直接采用碳纤维布加固试件，2 个模拟不同地震损伤后采用碳纤维布加固修复试件，对其进行低周往复荷载破坏试验。试验结果表明，碳纤维布提高了试件的极限承载力、极限位移和延性系数；与对比试件比较，直接采用碳纤维布加固试件分别提高了 19.4%、13.5%和 28.1%；中度损伤试件提高了 17.0%、25.8%和 21.8%；重度损伤试件提高了 13.9%、19.6%和 6.3%。在一定损伤程度下，碳纤维布加固能恢复并超过节点受损前的抗震性能。

（6）外包角钢加固震损型钢混凝土框架节点抗震性能试验[65,66]。按 1∶2 缩尺比例设计并制作了 5 个型钢混凝土柱-钢筋混凝土梁组成的框架节点模型。其中 1 个为对比节点，1 个为外包角钢加固节点，另外 3 个为模拟不同地震损伤后采用外包角钢加固节点，对所有节点模型进行低周往复加载破坏性试验。通过试验和测试参数分析可知：外包角钢加固型钢混凝土柱-钢筋混凝土梁组成的框架节点，保证了“强柱弱梁”抗震设计目标，破坏形态均为梁端弯曲破坏；采用外包角钢加固后的试件模型极限承载力、初始刚度和延性系数最大值分别提高了 53.7%、47.1%和 25.5%。在一定的损伤程度下，外包角钢加固震损型钢混凝土柱-钢筋混凝土梁组成的框架节点是一种有效的抗震加固方法。

（7）外包钢套加固震损型钢混凝土框架抗震性能试验[67,68]。按 1∶3 的缩尺比例设计并制作了 4 榀三层两跨的型钢混凝土框架模型，进行了模拟地震的预损加载并使用外包钢加固后的低周往复荷载试验，研究了外包钢加固震损型钢混凝土框架结构的有效性，探讨了不同震损程度对加固效果的影响。通过对滞回曲线、骨架曲线、延性系数、耗能能力、刚度退化及强度退化等参数分析可得出结论，在一定损伤程度的情况下，结构的极限承载力、延性性能和耗能能力均有所提高，即外包钢套法是合理而有效的。

（8）外包钢套加固震损型钢混凝土框架结构 Pushover 分析[69,70]。基于试验研究，采用材料弹性模量变化考虑地震损伤，运用有限元软件 SAP2000 对外包钢套加固震损型钢混凝土框架进行 Pushover 分析。通过对 Pushover 曲线、塑性铰、层间位移角等分析，结果表明：当试验轴压比在 0.2～0.9 时，轴压比增大使型钢混凝土框架结构层间位移角增加；外包钢套强度对结构层间位移角的影响较小；地震损伤程度达到 0.6 时，结构层间位移角大于原试件，未达到理想加固效果。

（9）震损型钢混凝土框架柱加固修复抗震性能有限元分析[71,72]。基于试验研究，采用材料性能折减的方法考虑震损的影响，应用有限元分析软件 ABAQUS 对碳纤维布加固震损型钢混凝土柱的抗震性能进行模拟计算，计算结果与试验结果吻合良好。通过数值计算，分析了轴压比、碳纤维布加固量和地震损伤程度对加固效果的影响。分析表明，采用材料性能折减的方法是考虑震损对构件性能影响的一种有效可行方法；在轴压比 0.2～0.5 内，轴压比增加使型钢混凝土柱的极限位移减小；在碳纤维布加固层数 1～3 内，碳纤维布层数增加能提高型钢混凝土柱的极限承载力和极限位移；地震损伤程度达到 0.6 时，加固修复型钢混凝土柱抗震能力未能恢复至原构件。

（10）型钢混凝土框架结构抗震性能有限元分析[73]。为了研究 SRC 框架结构抗震性能影响基于 1 榀两跨三层的 SRC 框架结构在低周往复荷载作用下的破坏性试验，利用 OpenSEES 开放平台，建立了宏观单元分析模型。为考虑箍筋和型钢对混凝土的约束作用，将纤维截面划分为强约束区和弱约束区。通过有限元模拟，分析了轴压比、混凝土强度和型钢强度对 SRC 框架结构抗震性能的影响。结果表明：提高型钢强度可以有效增强 SRC 框架结构的承载力和延性，采用 Q345 钢材性价比最高，其承载力和破坏位移值分别相对增大了 17.04%和 7.03%；当混凝土强度等级超过 C50 后，其对 SRC 框架结构的承载力及刚度的影响较小；低周往复荷载作用下，轴压比存在不利于结构变形，当轴压比大于 0.5 时，结构承载力明显降低。

1.2.4 震损型钢混凝土组合结构修复加固研究展望

1.2.4.1 损伤程度的量化评定

客观、准确的结构震损等级划分是震后安全鉴定的依据。目前常见的结构震后损伤判断主要分为定性结果（震损级别）和定量结果（震害指数）两种，都是通过观察结构构件的破损现象及分布情况，依据经验对损伤程度给出判断。该方法直观、高效，但对鉴定者的专业经验要求较高，且鉴定结果的主观差异较大，影响鉴定结果的精度及准确性。只有实现损伤程度的量化评定，才能消除评定结果的偏差。

1.2.4.2 地震损伤的模拟

地震损伤的人工模拟是试验研究的基础，尚没有文献对其进行专门的研究。现有文献中，对地震损伤主要通过对试件拟静力加载和振动台输入地震波模拟予以实现。试验过程中，对地震损伤程度的控制，不同的研究人员采用了不同的标准；不同标准的存在，必将产生不同的试验结果。应统一地震损伤程度模拟的方法和标准，与实际地震损伤近似。

1.2.4.3 损伤程度对加固性能的影响

目前各种加固方法对震损结构受力性能的提高，大多建立在定性分析基础上。今后更需要建立考虑损伤程度定量的震损结构加固承载力计算公式来指导工程人员进行设计。

1.2.4.4 合理加固

避免加固后形成结构薄弱环节的转移。加固过度，造成新的薄弱部位的产生；加固不足，不能达到应有的抗震要求。

1.3 本书主要研究内容

型钢混凝土结构作为一种极具魅力的组合结构形式，具有承载能力高、刚度大及抗震性能好等优点，已广泛应用于大跨结构和地震区的高层建筑以及超高层建筑。目前，《建筑抗震鉴定标准》（GB 50023—2009）、《建筑抗震加固技术规程》（JGJ 116—2016）和《地震灾后建筑鉴定与加固技术指南》（建标〔2008〕13 号）均未涉及型钢混凝土结构的抗震鉴定与加固问题，因此，研究型钢混凝土结构的抗震加固问题对提高这类结构抗震能力和灾后恢复重建显得尤为迫切和重要。

本书主要研究内容如下。

（1）建立适用于型钢混凝土结构的地震损伤模型，定量描述型钢混凝土框架结构在地震作用下的损伤演化规律。

（2）分别研究碳纤维布、外包钢两种方法加固震损型钢混凝土框架柱的受力性能，分析其可行性和有效性；分别研究了碳纤维布、外包钢两种方法加固震损型钢混凝土框架节点的受力性能，分析其加固效果。

（3）研究外包钢加固震损钢管混凝土框架结构的受力性能及加固效果。基于数值模拟成果，改变试验参数，如框架损伤度、外包钢加固量等，进一步分析震损型钢混凝土框架结构修复后的受力性能。

考虑结构构件和非结构构件的破损程度，提出具有一定概率保证的型钢混凝土框架结构地震破坏等级对应的层间位移角限值。基于不同工程需求参数，建立基于 OpenSEES 的型钢混凝土框架结构数值模型，对型钢混凝土框架结构进行地震易损性分析，得到结构的易损性曲线，并对其评估结果进行分析比较。运用有限元软件 SAP2000 对外包钢套加固震损型钢混凝土框架进行了 Pushover 分析。

参 考 文 献

[1] 郑山锁, 国贤发, 于飞, 等. 适用于型钢高强高性能混凝土柱的地震损伤模型[J]. 工业建筑, 2010, 40(8): 69-73.

[2] CIPOLLINA A, LOPEZ-INOJOSA A, FLOREZ-LOPEZ J. A simplified damage mechanics approach to nonlinear analysis of frames[J]. Computers and Structures, 1995, 54(6): 1113-1126.

[3] MARÍA ELENA PERDOMO, ANGELA RAMÍREZ, JULIO FLÓREZ-LÓPEZ. Simulation of damage in RC frames with variable axial forces[J]. Earthquake Engineering & Structural Dynamics, 1999, 28(3): 311-328.

[4] 张敏政. 汶川地震中都江堰市的房屋震害[J]. 地震工程与工程振动, 2008, 28(6): 1-6.

[5] 王亚勇. 汶川地震建筑震害启示: 抗震概念设计[J]. 建筑结构学报, 2008, 29(4): 20-25.

[6] 中华人民共和国住房和城乡建设部, 中华人民共和国国家质量监督检验检疫总局. 建筑抗震设计规范(2016 年版): GB 50011—2010[S]. 北京: 中国建筑工业出版社, 2016.

[7] 苏磊, 陆洲导, 张克纯, 等. BFRP 加固震损混凝土框架节点抗震性能试验研究[J]. 东南大学学报, 2010, 40(3): 559-564.

[8] 陈再现, 王凤来, 杨同盖, 等. 底框砌体剪力墙震损房屋损伤评估及抗震加固[J]. 土木工程学报, 2012, 45(增 1): 61-68.

[9] 聂建国, 陶慕轩, 黄远等. 钢-混凝土组合结构体系研究新进展[J]. 建筑结构学报, 2010, 31(6): 71-80.

[10] BANON H, IRVINE H M, Biggs J M. Seismic damage in reinforced concrete frames[J]. Journal of Structural Division, ASCE, 1981, 107(9): 1713-1729.

[11] PARK Y J, ANG A H-S. Mechanistic seismic damage model for reinforced concrete[J]. Journal of Structural Engineering, ASCE, 1985, 111(4): 722-739.
[12] USAMI T, KUMAR S. Damage evaluation in steel box columns by pseudodynamic tests[J]. Journal of Structural Engineering, ASCE, 1996, 122(6): 635-642.
[13] 李军旗, 赵世春. 钢筋混凝土构件损伤模型[J]. 兰州铁道学院学报(自然科学版), 2000, 19(3): 25-27.
[14] 熊仲明, 史庆轩. 钢筋混凝土框架结构倒塌破坏能量分析的研究[J]. 振动与冲击, 2003, 22(4): 8-13.
[15] 熊仲明, 史庆轩, 王社良. 结构能量分析非线性地震反应的理论研究[J]. 西安建筑科技大学学报, 2005, 37(2): 204-209.
[16] 熊仲明, 史庆轩, 李菊芳. 框架结构基于能量地震反应分析及设计方法的理论研究[J]. 世界地震工程, 2005, 21(2): 141-146.
[17] 刘伯权, 刘鸣. 钢筋混凝土柱的破坏与能量吸收[J]. 地震工程与工程振动, 1998 , 14(1): 17-21.
[18] 王东升, 冯启民, 王国新. 考虑低周疲劳寿命的改进 Park-Ang 地震损伤模型[J]. 土木工程学报, 2004, 37(11): 41-49.
[19] TERAN-GILMORE A, O.JIRSA J. A single low cycle fatigue model and its implication for seismic design[C]. //Proceedings of 13th World Conference on Earthquake Engineering, San Francisco, 2004: 890.
[20] AMADOR T, JAMES O J. The use of cumulative ductility strength spectra for seismic design against low cycle fatigue[C]. //Proceedings of 13th World Conference on Earthquake Engineering, San Francisco, 2004: 889.
[21] 傅剑平, 王敏, 白绍良. 对用于钢筋混凝土结构的 Park-Ang 双参数破坏准则的识别和修正[J]. 地震工程与工程振动, 2005, 25(5): 74-79.
[22] 吕杨, 徐龙河, 李忠献, 等. 钢筋混凝土柱基于能量阈值的损伤准则[J]. 工程力学, 2011, 28(5): 84-89.
[23] 陈永祁, 龚思礼. 结构在地震动时延性和累积塑性耗能的双重破坏准则[J]. 建筑结构学报, 1986, 7(1): 35-48.
[24] 牛荻涛, 任利杰. 改进的钢筋混凝土结构双参数地震破坏模型[J]. 地震工程与工程震动, 1996, 16(4): 44-54.
[25] 吕大刚, 王光远. 基于损伤性能的抗震结构最优设防水准的决策方法[J]. 土木工程学报, 2001, 34(1): 44-49.
[26] 岳健广. 混凝土结构多层次地震损伤模型[J]. 土木工程学报, 2015, 48(3): 8-16.
[27] 苏佶智, 刘伯权, 邢国华. 钢筋混凝土柱地震损伤模型比较研究[J]. 世界地震工程, 2018, 34(2): 80-88.
[28] 李翌新, 赵世春. 钢筋混凝土及劲性钢筋混凝土构件的累积损伤模型[J]. 西南交通大学学报, 1994, 4(8): 412-417.
[29] 白国良, 赵鸿铁. 反复加载时型钢钢筋混凝土框架柱的损伤过程[J]. 西安建筑科技大学学报, 1998, 3(9): 213-216.
[30] 曾磊, 许成祥, 郑山锁. 型钢高强高性能混凝土框架节点地震损伤模型[J]. 工程抗震与加固改造, 2013, 35(2): 56-61.
[31] 许成祥, 潘航, 万冲, 等. 实腹式型钢混凝土框架柱地震损伤模型试验研究[J]. 土木工程, 2016, 5(6): 262-269.
[32] 潘航. 型钢混凝土框架柱地震损伤模型试验研究[D]. 荆州: 长江大学, 2017.
[33] 尹之潜. 中国地震灾害损失预测研究专辑（四）：地震灾害及损失预测方法[M]. 北京: 地震出版社, 1995.
[34] 尹之潜, 杨淑文. 地震损失分析与设防标准[M]. 北京: 地震出版社, 2004.
[35] 王广军. 建筑地震破坏等级的工程划分及应用[J]. 世界地震工程, 1993(3): 40-46.
[36] 周娜, 刘海卿. 框架结构地震损伤演化过程数值分析[J]. 辽宁工程技术大学学报(自然科学版), 2011, 30(3): 396-399.
[37] 朱树根, 倪雪, 胡克旭. 钢筋混凝土框架结构震损定量评定方法研究[J]. 土木工程学报, 2012, 45(增 2): 32-36.
[38] 刘哲锋, 周琼. 基于能量耗储能力的结构地震损伤量化研究[J]. 工程力学, 2013, 30(2): 169-173.
[39] 岳健广, 钱江. RC 框架结构多层次地震损伤演化分析方法[J]. 工程力学, 2015, 32(9): 126-134.
[40] 徐龙河, 王苏. 钢-混凝土试验模型结构地震损伤演化分析[J]. 天津大学学报(自然科学与工程技术版), 2016, 49(1): 80-85.

[41] 岳健广, 镇东, 钱存鹏. RC 框架结构多层次刚度损伤演化计算[J]. 南京工业大学学报(自然科学版), 2017, 39(1): 69-74.

[42] 许成祥, 辛星. 型钢混凝土框架结构地震损伤层间位移角限值分析[J]. 工程抗震与工程改造, 2018, 40(5): 1-6.

[43] 刘伯权, 邢国华, 马煜东, 等. 地震作用下 RC 框架结构损伤演化过程分析[J]. 长安大学学报(自然科学版), 2019, 39(3): 74-83.

[44] 查昕峰. 型钢混凝土框架结构地震损伤演化过程研究[D]. 荆州: 长江大学, 2017.

[45] XU C X, DENG J, PENG S, et al. Seismic fragility analysis of steel reinforced concrete frame structures based on different engineering demand parameters[J]. Journal of Building Engineering, 2018 (20) : 736-749.

[46] 邓杰. 型钢混凝土框结构地震易损性分析[D]. 武汉: 武汉科技大学, 2019.

[47] 袁海军, 姜红. 建筑结构检测鉴定与加固手册[M]. 北京: 中国建筑工业出版社, 2003.

[48] 邓宇, 梁炯丰, 杨永年. FRP 加固型钢混凝土梁正截面受弯承载力计算[J]. 广西工学院学报, 2010, 21(2): 69-72.

[49] 李俊华, 唐跃峰. 火灾后型钢混凝土柱加固试验研究[J]. 工程力学, 2012, 29(3): 177-183.

[50] 谭清华, 韩林海. 火灾后和加固后型钢混凝土柱的力学性能分析[J]. 清华大学学报(自然科学版), 2013, 53(1): 12-17.

[51] 郭靳时, 董昆鹏. 火灾后型钢混凝土柱加固修复研究综述[J]. 四川建材, 2017, 43(8): 70-71.

[52] 郭延生, 李俊华, 陈建华, 等. 预应力钢带加固火灾后型钢混凝土柱抗震性能试验研究[J]. 工业建筑, 2018, 48(7): 194-200, 206.

[53] 许成祥, 卢梦潇, 杨炳, 等. 碳纤维布加固震损型钢混凝土柱抗震性能试验研究[J]. 土木工程学报, 2016, 49(增刊 2): 51-56.

[54] PENG S, XU C X, LU M X, et al. Experimental research and finite element analysis on seismic behavior of CFRP-strengthened seismic-damaged composite steel-concrete frame columns[J]. Engineering Structures, 2018 (155): 50-60.

[55] 卢梦潇. 碳纤维布加固震损型钢混凝土柱抗震性能试验研究[D]. 荆州: 长江大学, 2017.

[56] 查昕峰, 许奇琦, 卢梦潇. 一种震后型钢混凝土框架柱的外包钢加固结构. 中国, 专利号: CN201621055524.1[P].2016-09-14.

[57] 许成祥, 万冲, 潘航, 等. 震损型钢混凝土框架柱外包钢加固试验研究[J]. 四川建筑科学研究, 2017, 43(2): 42-47.

[58] XU C X, PENG S, DENG J, et al. Study on seismic behavior of encased steel jacket-strengthened earthquake-damaged composite steel-concrete columns[J]. Journal of Building Engineering, 2018(17): 154-166.

[59] 万冲. 震损型钢混凝土外包钢加固柱抗震性能试验研究[D]. 荆州: 长江大学, 2017.

[60] XU C X, PENG S, WAN C. Experimental and theoretical research on shear strength of seismic-damaged SRC frame columns strengthened with envelo-ped steel jackets[J]. Advances in Civil Engineering, 2019: 6401730.

[61] 彭胜, 许成祥, 万冲, 等. 型钢混凝土柱震后加固方法对比试验研究[J]. 科学技术与工程, 2018, 18(30): 206-211.

[62] 查昕峰, 许奇琦, 卢梦潇. 一种震损后型钢混凝土梁柱节点的碳纤维布加固结构. 专利号: ZL 2017 2 0463230.0[P].

[63] 许成祥, 王辰飞, 马作涛, 等. 碳纤维布加固震损型钢混凝土框架节点抗震性能试验研究[J]. 工程抗震与加固改, 2018, 40(5): 110-116, 130.

[64] 王辰飞. 碳纤维布加固震损型钢混凝土节点抗震性能试验研究[D]. 武汉: 武汉科技大学, 2018.

[65] 许成祥, 马作涛, 王辰飞, 等. 外包角钢加固震损型钢混凝土节点试验研究[J]. 广西大学学报(自然科学版), 2018, 43(2): 631-640.

[66] 马作涛. 外包角钢加固震损型钢混凝土框架节点抗震性能试验研究[D]. 武汉: 武汉科技大学, 2018.

[67] 许奇琦. 外包钢加固震损 SRC 框架结构抗震性能试验研究[D]. 荆州: 长江大学, 2018.

[68] 彭胜. 震损加固型钢混凝土框架结构抗震性能及设计计算理论研究[D]. 武汉: 武汉科技大学, 2019.
[69] 许成祥, 台梦瑀. 外包钢套加固震损型钢混凝土框架结构 Pushover 分析[J]. 科学技术与工程, 2019, 19(8): 217-224.
[70] 台梦瑀. 外包钢套加固震损 SRC 框架结构抗震性能分析与评估[D]. 武汉: 武汉科技大学, 2019.
[71] 孙艳, 杨建明, 许成祥, 等. 碳纤维布加固震损 SRC 柱抗震性能有限元分析[J]. 广西大学学报(自然科学版), 2017, 42(1): 18-27.
[72] 杨建明. 震损型钢混凝土框架柱加固修复抗震性能有限元分析[D]. 武汉: 武汉科技大学, 2017.
[73] 许成祥, 邓杰, 查昕峰. 基于 OpenSees 的 SRC 框架结构抗震性能数值模拟及参数分析[J]. 广西大学学报(自然科学版), 2018, 43(1): 8-15.

2　型钢混凝土框架结构地震损伤机理

2.1　型钢混凝土框架柱地震损伤模型试验

2.1.1　试验概况

2.1.1.1　试件设计与加载制度

基于现行设计规范或规程，设计并制作了 4 根型钢混凝土框架柱模型。框架柱截面尺寸为200mm × 270mm，纵筋采用HRB400，箍筋采用HPB300，内置Q235B级型钢 I16。试件设计参数见表 2-1，试件几何尺寸与配钢设计如图 2-1 所示。实测混凝土立方体平均抗压强度为 38.8N/mm^2，钢材力学性能实测值见表 2-2。

表 2-1　试件设计参数

试件编号	轴压比	剪跨比	配筋率/%	配箍率/%	配钢率/%	混凝土强度等级
SRCC-1	0.20	3.33	1.6	0.68	4.84	C40
SRCC-2	0.32					
SRCC-3	0.40					
SRCC-4	0.60					

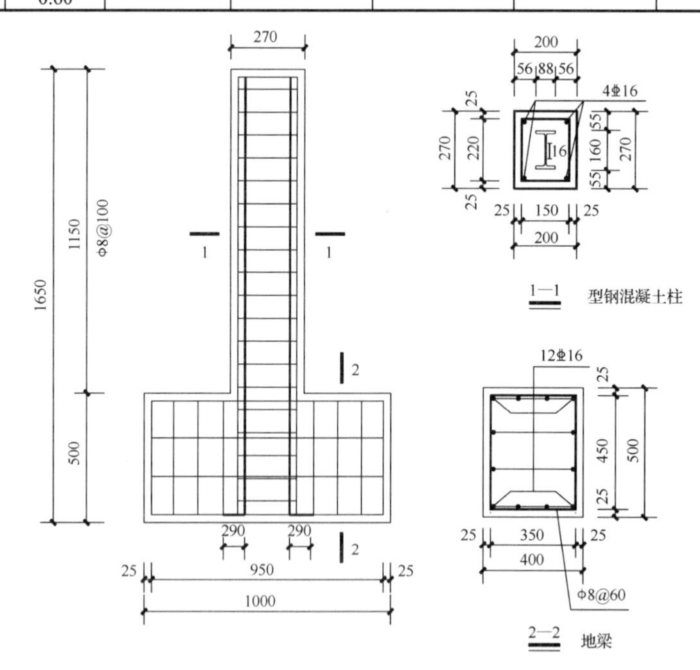

图 2-1　试件几何尺寸与配钢设计（单位：mm）

表 2-2 钢材力学性能实测值

钢材	屈服强度 f_y/MPa	极限强度 f_u/MPa	弹性模量 E_s/MPa
型钢	264.5	405.8	2.01×10^5
纵向钢筋	375.7	515.6	2.05×10^5
箍筋	312.4	443.1	2.10×10^5

试件地梁采用高强螺栓与地面刚性锚固。试验时，柱顶通过液压千斤顶施加竖向荷载至设定值，水平荷载由电液伺服作动器按照位移控制方式在柱端施加。加载初期，侧移率（Δ/L）×100%（其中 Δ 为柱顶端加载处水平位移，L 为柱有效高度）为 0.25%、0.50%、0.75%和 1.00%，每级位移循环一次。当侧移率超过 1.00%以后，每级位移峰值按侧移率 1.00%逐级施加，每级位移循环 3 次，直至柱顶水平荷载降至极限荷载 85%以下为破坏标准。试验加载现场如图 2-2 所示。

图 2-2 试验加载装置及现场

2.1.1.2 荷载-位移滞回曲线

通过实测的柱顶荷载和水平位移可得各构件的荷载-位移滞回曲线如图 2-3 所示。由图 2-3 可以看出，在加载初期，滞回曲线轨迹近似为一条直线，每次卸载后无残余变形，构件刚度保持不变，处于弹性工作阶段；随着荷载的增加，滞回曲线逐渐偏离直线呈梭形，每一级循环加载过程中曲线斜率随位移的增加逐渐减小，刚度退化现象越来越明显。随着滞回曲线由梭形逐渐变得饱满，每一级循环加载下累积滞回耗能也逐渐变大。卸载时残余变形增加，正向加载和反向加载曲线变得不对称，表明构件进入弹塑性工作阶段。当水平荷载接近极限荷载时，刚度退化的速率加快，承载能力明显下降，此时滞回曲线兼有梭形和倒 S 形特点。

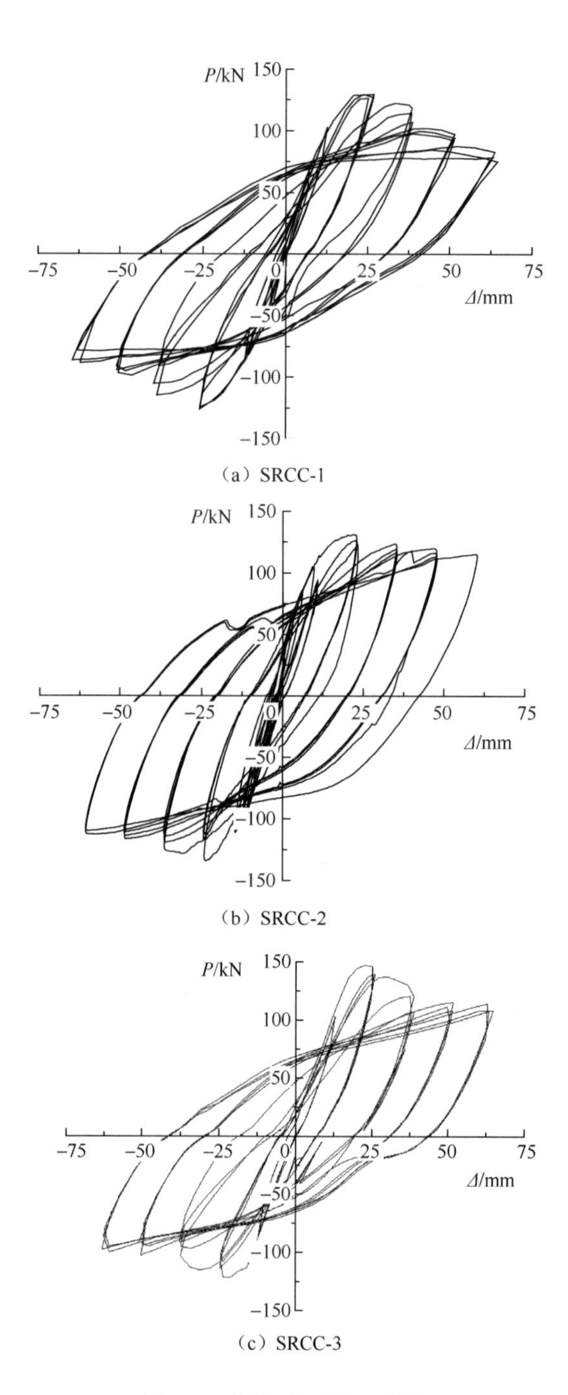

（a）SRCC-1

（b）SRCC-2

（c）SRCC-3

图 2-3　荷载-位移滞回曲线

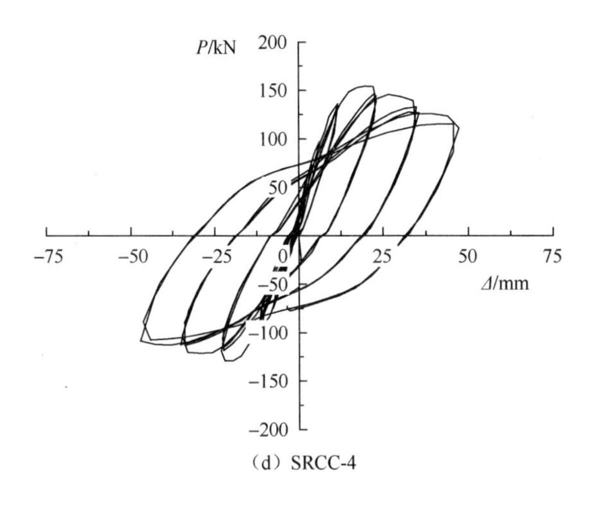

（d）SRCC-4

图 2-3 （续）

2.1.2　型钢混凝土框架柱地震损伤模型

2.1.2.1　损伤变量

大量的低周往复荷载试验表明，构件的损伤发展过程与其强度、刚度退化规律基本一致[1]。在加载过程中，随着荷载的增加，混凝土内部微裂缝逐渐发展导致混凝土开裂、剥落，纵向钢筋和型钢屈服，型钢和混凝土之间出现黏结滑移，使框架柱刚度不断退化。由图 2-3 可以看出，在同一位移幅值下，随着损伤的发展累积，试件刚度不断退化；当水平位移幅值逐渐增大时，试件刚度退化越来越明显。由此可见，刚度退化伴随型钢混凝土框架柱在低周往复荷载作用下的整个受力过程，并随着位移幅值的不断增大，刚度退化现象越来越严重，在一定程度上反映了低周往复荷载作用下型钢混凝土框架柱损伤变化。

根据 Takeda 提出的滞回模型[2]，试件强度衰减与其滞回耗能有关。由图 2-3 可以看出，当位移幅值为屈服位移时，滞回耗能较小，滞回形状不明显；当位移幅值达到 2 倍的屈服位移时，滞回环的形状开始发生改变，逐渐变得饱满，由此可以考虑通过试件能量耗散来反映试件强度的衰减。

2.1.2.2　模型建立

目前在地震工程界普遍接受由 Park-Ang[3]提出的基于钢筋混凝土框架梁、框架柱试验结果建立的规格化最大位移和规格化滞回耗能线性组合双参数地震破坏模型，即

$$D=\frac{\delta_{\mathrm{m}}}{\delta_{\mathrm{u}}}+\frac{\beta}{f_{\mathrm{y}}\delta_{\mathrm{u}}}\int\mathrm{d}E \tag{2-1}$$

式中：D 为损伤系数；δ_m 为构件在实际荷载作用下的最大变形；δ_u 为构件在单调荷载作用下的最大变形；f_y 为构件的屈服强度；dE 为滞回耗能增量；β为非负参数。

该模型的物理意义明确，计算简单，对钢筋混凝土结构损伤具有十分重要的指导意义。但是该模型仍存在一些不足：①非负参数β计算公式根据试验数据结果拟合得出，离散型较大，难以确定；②将变形与能量进行线性组合，即认为最大变形和累积滞回耗能对损伤贡献为线性关系，没有考虑两者之间的相互影响，虽然形式简单，但缺乏理论依据。

试验研究表明[4]，在低周反复荷载作用下，构件极限抵御能力（最大变形和极限耗能）随循环次数的增加而不断降低，同时随着极限抵御能力的下降，构件能够经历循环次数也不断降低，而现有损伤模型均无法很好地表达这种关系。因此，结合上述对损伤变量分析，在参考已有损伤模型，提出以最大变形处刚度退化和累积滞回耗能为损伤指数的非线性组合双参数地震损伤模型，其表达式如下：

$$D = A\left(1 - \frac{K_i}{K_0}\right)^{\alpha} + B\left(\frac{\sum E_i}{f_y \delta_y}\right)^{\beta} \tag{2-2}$$

式中，A、B、α、β为组合系数；K_0 为试件初始刚度；K_i 为最大变形处试件第 i 周半循环割线刚度；E_i 为第 i 周半循环滞回耗能；$\sum E_i$ 为循环加载过程中的累积滞回耗能；δ_y 为构件屈服位移；f_y 为构件的屈服强度。刚度退化定义和能量耗散定义分别如图 2-4 和图 2-5 所示。

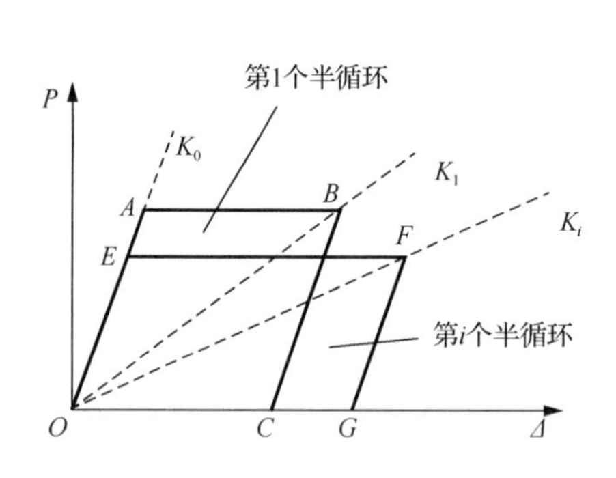

图 2-4　刚度退化定义

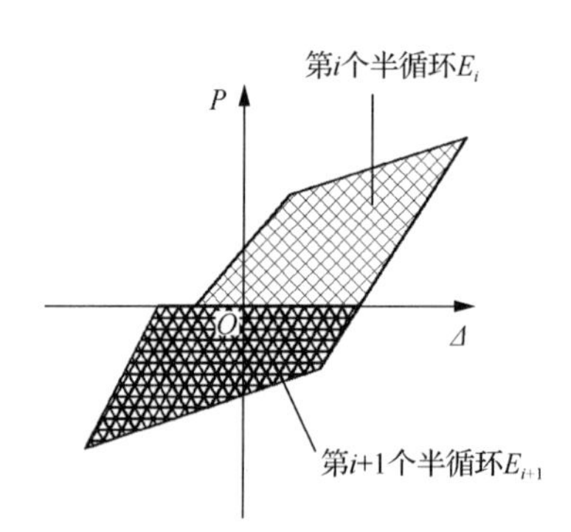

图 2-5　能量耗散定义

2.1.2.3　损伤量化分析

为了实现构件损伤的定量化评估，需要将试验现象和损伤状况以具体数值来表达。通过试验获得构件损伤过程中的应变、荷载、位移等实时监控信息，分析型钢混凝土框架柱在低周往复荷载作用下损伤演化的过程，对已有钢筋混凝土构件的损伤评判准则进行修正。对型钢混凝土框架柱的损伤进行定量划分，具体划分见表 2-3。

表 2-3　损伤量化评判准则

损伤程度	损伤指数	损伤状况	试验现象
基本完好	0	未损伤	柱变形较小，混凝土未开裂
轻度破坏	0～0.3	轻度损伤	柱角处混凝土开裂，出现水平裂缝
中度破坏	0～0.7	可修复	柱角混凝土形成交叉斜裂缝，型钢腹板部分屈服
重度破坏	0.7～0.9	不可修复	型钢外围混凝土斜裂缝交叉贯通，混凝土保护层剥落，型钢腹板和箍筋大部分屈服
倒塌	0.9～1.0	完全失效	承载力急剧降低，刚度严重退化

2.1.2.4　模型参数的确定

按照表 2-1 确定的构件各特征点损伤量化值及相应的损伤指数，对本章提出的损伤模型进行非线性多元回归分析，得到式（2-2）相关参数值 A=1.03，B=0.12，α=1.56，β=0.17。于是，适用于型钢混凝土框架柱的地震损伤模型可以定量表示为

$$D = 1.03\left(1-\frac{K_i}{K_0}\right)^{1.56} + 0.12\left(\frac{\sum E_i}{f_{\mathrm{y}}\delta_{\mathrm{y}}}\right)^{0.17} \tag{2-3}$$

2.1.3　损伤模型对比分析

图 2-6 为损伤模型式（2-2）获得各试件累积损伤曲线计算值与试验值比较，图中横坐标为累积延性系数，可表示为 $\sum_{i=1}^{n}|\delta_i|/\delta_{\mathrm{y}}$（其中 n 为施加于构件上的荷载半循环数量，δ_i 为第 i 个荷载半循环最大位移，δ_{y} 为构件屈服位移）。由图 2-6 可以看出，本章提出的损伤模型［式（2-2）］基本能反映型钢混凝土柱在低周往复荷载作用下的损伤变化，且与试验结果吻合较好。

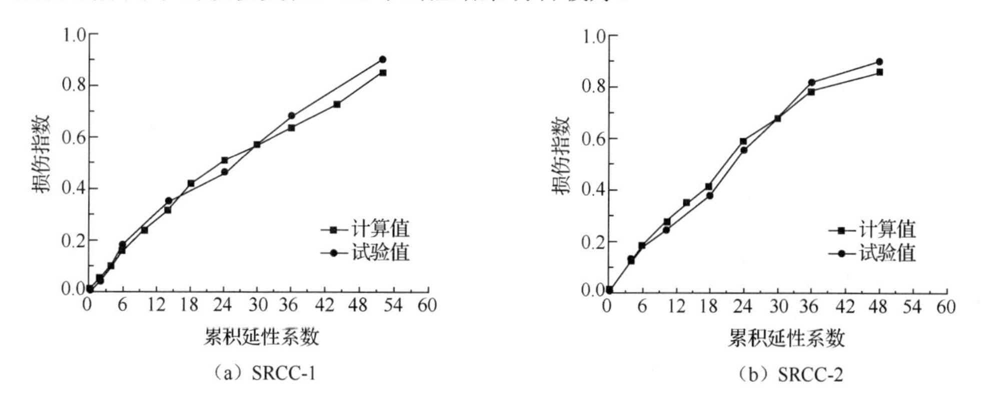

图 2-6　损伤模型计算值与试验值对比

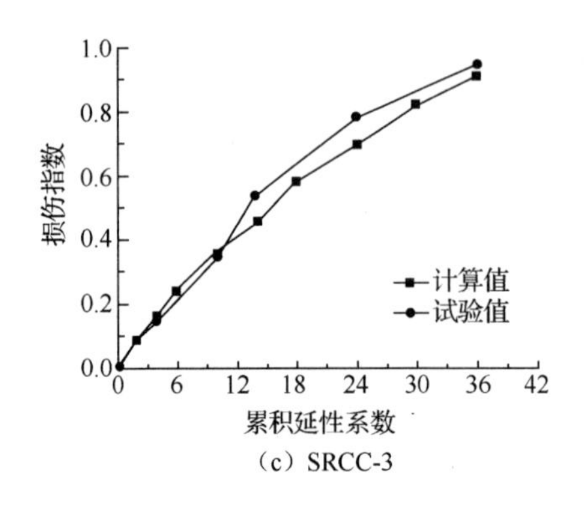

（c）SRCC-3

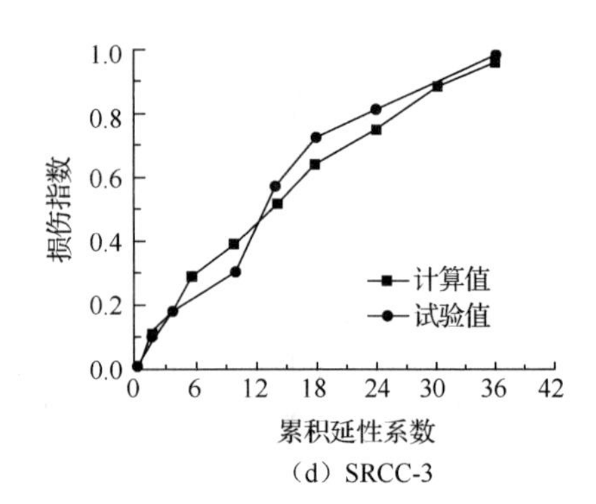

（d）SRCC-3

图 2-6 （续）

试验改变了轴压比，由损伤模型式（2-2）计算所得的损伤累积变化曲线如图 2-7 所示。由图 2-7 可以看出，相同累积延性系数时，轴压比大的试件损伤明显高于轴压比小的试件。整个加载过程中，轴压比小的试件损伤发展过程相对平缓，延性较好。加载前期，轴压比的影响不明显；加载后期，轴压比大的试件损伤发展加快，延性较差，不利于结构抗震。

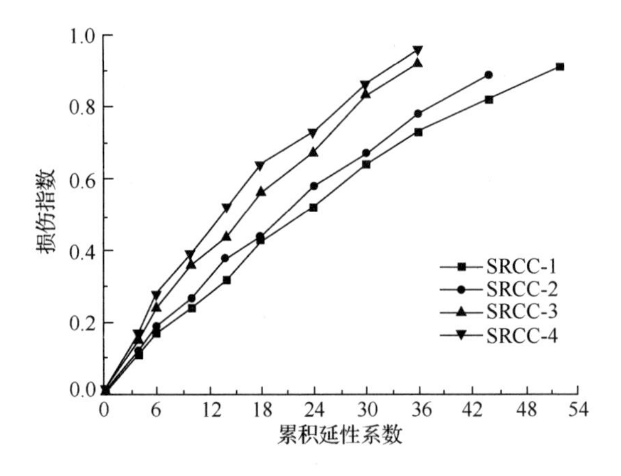

图 2-7　轴压比对框架柱损伤的影响

2.2　型钢混凝土框架结构地震损伤试验

2.2.1　试验概况

2.2.1.1　试件设计

基于现行设计规范或规程的相关规定，设计并制作了 1 榀两跨三层型钢混凝土框架结构模型。框架节点核心区，柱型钢贯通，梁型钢断开与柱内置型钢翼缘焊接。内置型钢采用Q235钢板焊接而成，纵筋和箍筋分别采用HRB400和HPB300钢筋。试件尺寸与配钢如图2-8所示。钢材力学性能实测值见表2-4。框架选用C40商品混凝土浇筑，实测混凝土立方体抗压强度平均值为44.5N/mm²。

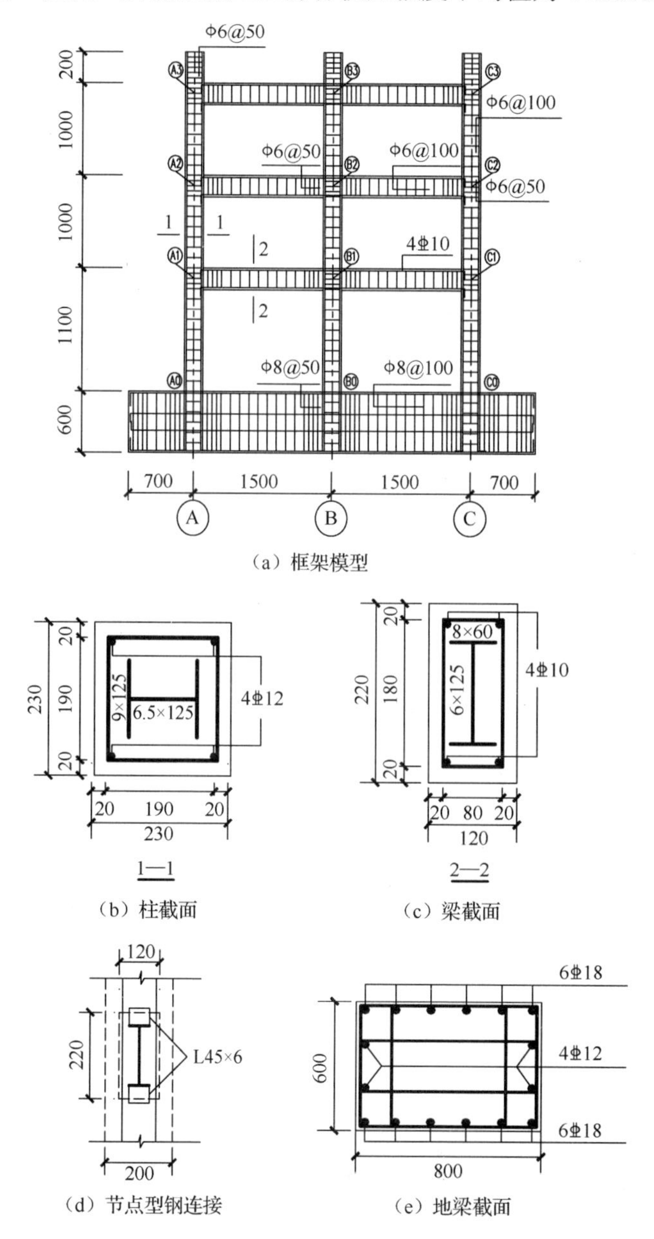

图2-8 试件尺寸与配钢（单位：mm）

表 2-4　钢材力学性能实测值

材料类别	屈服强度 f_y/（N/mm^2）	极限强度 f_u/（N/mm^2）	弹性模量 E_s/（N/mm^2）
钢板（厚 6.5mm）	325.6	450.7	2.1×10^5
钢板（厚 8mm）	310.4	410.3	2.1×10^5
钢板（厚 9mm）	306.1	407.5	2.1×10^5
钢筋 Φ6	323.9	437.3	2.1×10^5
钢筋 Φ8	316.7	427.5	2.1×10^5
钢筋 Φ10	376.4	578.6	2.0×10^5
钢筋 Φ12	369.7	559.7	2.0×10^5
钢筋 Φ16	372.3	586.5	2.0×10^5

2.2.1.2　加载设计

模型框架由地梁通过 12 个高强螺栓固定于地面。框架柱顶端轴压荷载由反力架和液压千斤顶施加，水平低周往复荷载由电液伺服作动器施加。为了消除柱顶施加竖向荷载装置对顶层节点转动造成的约束，柱顶设计了 200mm 高悬臂段。为了使框架在竖向荷载及水平荷载作用下能够自由水平变位，在柱顶施加轴力的油压千斤顶与反力架之间设置能滚动的滑动小车。试验加载装置与现场如图 2-9 所示。

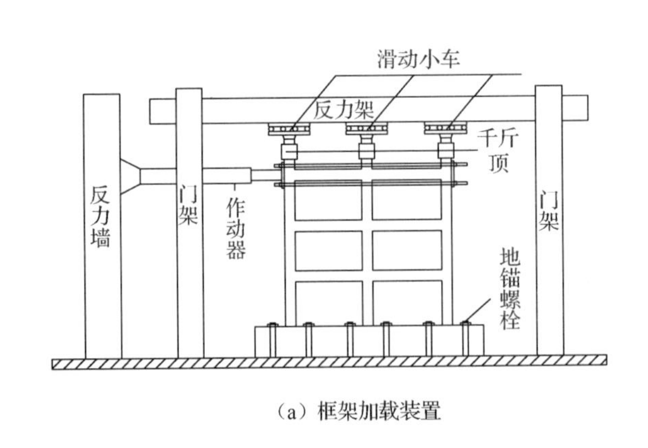

（a）框架加载装置

（b）加载现场

图 2-9　试验加载装置与现场

轴压荷载在试验过程中维持不变，由 3 个竖向千斤顶分别施加在两个边柱和中柱顶部。其中，边柱 A、C 竖向荷载为 400kN，轴压比为 0.25；中柱 B 竖向荷载为 600kN，轴压比为 0.4。水平荷载在第三层框架梁端部低周反复施加。

竖向加载制度：先将竖向荷载加载至设定值的 30%，然后卸载至零，再施加荷载至设定值，并在试验过程中保持不变［图 2-10（a）］。水平加载制度：采用位移控制。加载初期，每级位移循环峰值按侧移率 0.1%逐级递增，并且每级位移加载循环一次［图 2-10（b）］。结构进入屈服阶段以后，以框架屈服时加载点位移的倍数作为加载控制点，每级加载循环三次，直至荷载下降到峰值荷载的 85%以下，停止试验。

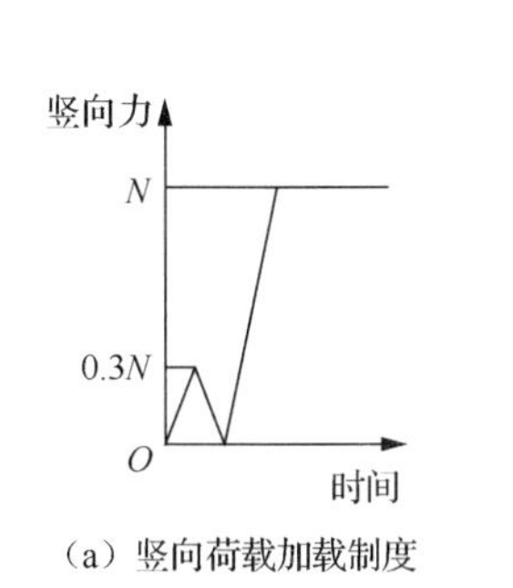

（a）竖向荷载加载制度

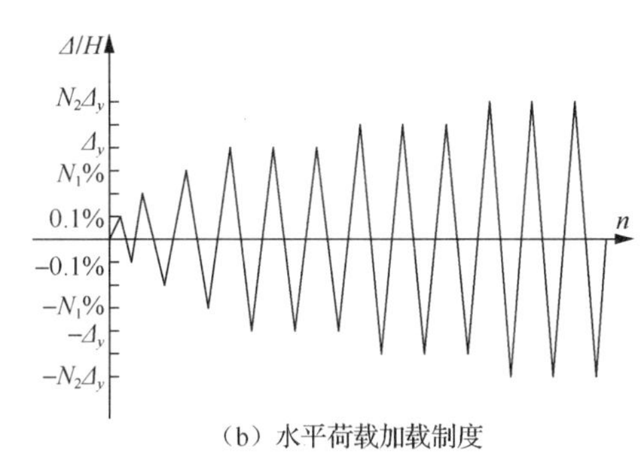

（b）水平荷载加载制度

图 2-10　加载制度

2.2.1.3　量测内容

在各层框架梁端设置位移计来测量水平位移；在梁端、柱端、节点核心区的型钢和钢筋上设置应变片，量测梁端和柱端的弯曲应变。

2.2.2　框架损伤过程

为方便描述，规定作动器向后拉的方向为“+”，向前推的方向为“−”（水平加载过程是先推后拉）。从开始加载到最终破坏，框架结构损伤状态经历了以下四个阶段。

（1）无损伤阶段。水平位移 ±15.5mm 以前，节点 B1、B2［图 2-8（a）］两边的梁端下部出现微裂缝，梁、柱及节点核心区的型钢应变很小，框架的刚度和强度退化不明显，框架以弹性变形为主，损伤对框架的整体受力性能可以忽略不计，可以认为框架处于无损伤阶段。

（2）损伤初始阶段。水平位移 ±18.6mm 第 1 个循环加载过程中，位移−17.79mm 时，滞回曲线出现拐点，应变监测系统显示梁 A1B1、B1C1［图 2-8（b）］中型钢翼缘和腹板应变超出屈服应变。同级位移继续加载梁端有新裂缝产生，原有的裂缝继续发展并有贯通现象，框架柱内型钢大部分还处于弹性阶段，可认为框架结构处于损伤初始阶段。

（3）损伤稳定增长阶段。水平位移 ±18.6mm 第 3 个循环加载过程中，位移+18mm 时，柱 A、B 底部出现微裂缝，同时节点 B1 两侧梁端上部出现裂缝。水平位移 ±37.2mm 第 1 个循环加载过程中，位移+30mm 时，框架大部分梁端出现塑性铰，混凝土裂缝逐渐变大。随着荷载增大，裂缝逐渐增大、增多，框架梁 A1B1、

B1C1［图 2-8（c）］的混凝土保护层开始有脱落，纵向钢筋开始屈服。水平位移 ±55.8mm 第 1 个循环过程时，框架梁变形较大，内置型钢进入塑性变形阶段，框架柱新裂缝不断增加，原有裂缝继续发展并贯通，框架结构顶部位移和框架承载力稳定增长。随着循环的增加，节点 B1、B2 处的混凝土开裂并有脱落，梁端混凝土开裂脱落严重，柱端形成塑性铰。同级位移继续循环加载，节点 B2、B3 处的混凝土出现斜向交叉裂缝，梁、柱接头处出现大量裂缝，混凝土开裂严重，此阶段可认为是框架损伤稳定增长阶段。

（4）损伤急剧发展阶段。随着荷载反复循环，变形迅速增加，荷载开始缓慢降低。水平位移 ±74.4mm 第一个循环时，位移+74.4mm 时，框架结构承载力有所下降，但下降不明显；位移−74.4mm 时，框架结构承载力下降明显。水平位移 ±93mm 循环加载过程中，承载力下降到峰值荷载的 85%以下，停止试验，框架破坏，此阶段可认为是框架损伤急剧发展阶段。此时可以看到，梁端上部、下部以及梁底与柱端交接部位的混凝土局部压碎、脱落，梁端塑性铰充分发挥作用。框架柱底层柱角混凝土保护层压碎并有部分脱落，纵向钢筋弯曲，箍筋有部分外露。节点 B2、B3 核心区出现 45° 的交叉斜裂缝，并伴有部分混凝土脱落，边节点也出现裂缝，但箍筋约束区内的混凝土形状完整，节点承载力没有显著降低，破坏现象如图 2-11 所示。

（a）整体框架

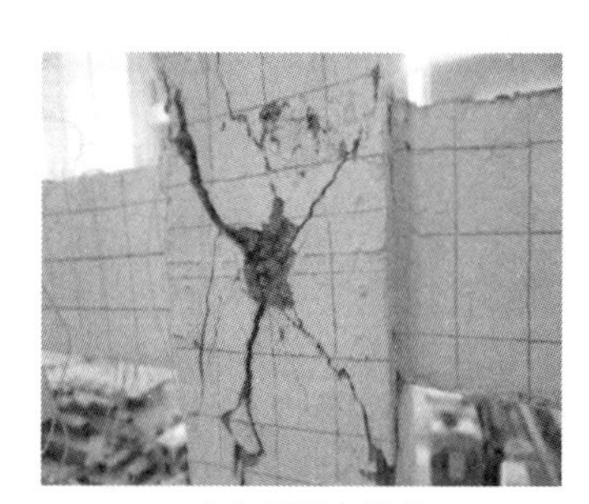
（b）三层中节点

（c）二层边节点

（d）二层中节点

图 2-11　破坏形态

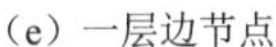

（e）一层边节点

（f）底层边柱

图 2-11 （续）

通过观察分析整个试验过程，在低周往复荷载作用下，损伤较为严重的是框架梁，且框架梁下部比上部损伤严重，中间比两边损伤严重。框架柱作为主要抗侧力构件，损伤不是很严重。梁铰先于柱铰出现，框架结构破坏机制表现为良好的梁铰机制，实现了“强柱弱梁”的抗震设计思想。

2.2.3　试验结果分析

2.2.3.1　滞回曲线和骨架曲线

由试验测得的框架顶层水平荷载-位移滞回曲线，如图 2-12 所示。在 $1\Delta_y$（其中 Δ_y 为框架屈服位移）循环加载之前，框架基本处于弹性阶段，加载时滞回曲线斜率变化小，卸载后的残余应变也很小，滞回曲线接近线性变化，加载一个循环形成的滞回环不明显。在 $2\Delta_y$ 循环加载时，滞回曲线斜率随着水平位移的增大而变小，卸载后的残余应变也逐渐增大，滞回环包围的面积变大。随着反复加载的位移在不断增大，框架的变形也逐渐增大，当达到框架的最大荷载后，框架的承载力慢慢下降而变形迅速增加，此时可以看到框架表面的裂缝在完全卸载时不能自动闭合，而是在反向加载到一定程度才能闭合。峰值荷载过后，随着循环次数的增加，承载力和刚度都退化迅速，在 $5\Delta_y$ 循环加载过程中框架结构破坏。由图 2-12 可以看出，在循环加载后期，滞回曲线仍然呈现出较为饱满的梭形，这是由于在外围混凝土保护层脱落以后，内置型钢、型钢翼缘和箍筋对核心混凝土的有效约束作用，使得框架还能有较好的变形能力。

每次循环卸载后，框架都有不可恢复的残余应变，随着位移的增大和循环次数的增加残余应变也不断累积增大。在 $1\Delta_y$ 下循环加载，三次循环的加、卸载曲线基本重合，说明框架的损伤较小，刚度和强度变化不大。从 $2\Delta_y$ 循环加载开始，同一级位移幅值循环下，第一次循环和第二次循环之间的强度衰减幅度较大，而第二次循环和第三次循环之间的强度衰减幅度比前一次有所减小。不同级位移的循环下，后一级位移循环时的曲线斜率比前一级的曲线斜率明显减小，说明框架的刚度在退化。在达到峰值荷载以后，随着位移幅值的不断增大，试件累积损伤不断增加，导致强度和刚度退化迅速。整体上来看，试件滞回曲线基本上呈饱满的梭形，直到框架破坏都没有出现明显的捏缩现象，说明框架具有较好的耗能能力。

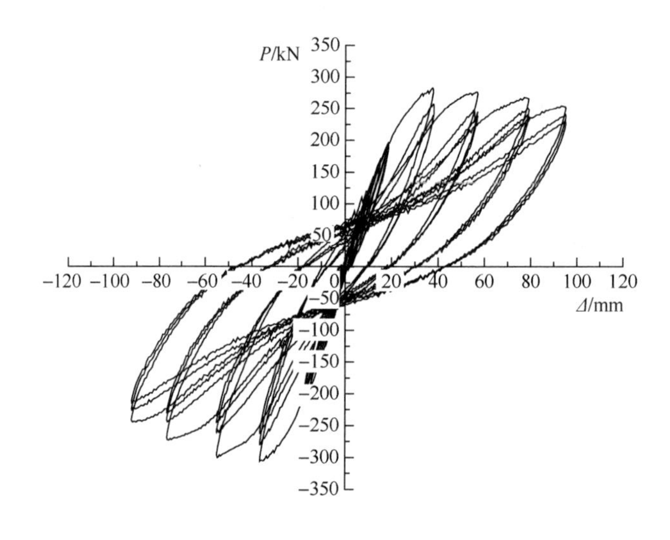

图 2-12　滞回曲线

骨架曲线如图 2-13 所示。骨架曲线能够以简洁的方式反映构件的屈服荷载、峰值荷载、破坏荷载及相应时刻的位移值。图中 A 和 A'点为屈服点，B 和 B'点为峰值点，C 和 C'点为极限点。由图 2-13 可知，在 A 点以前，框架基本处于弹性工作阶段，卸载时基本没有残余应变，骨架曲线近似为一条直线。在 B 点之前，随着位移的增加，荷载也在缓慢增加，但位移的增加速度比荷载增加速度快，随着荷载的循环，这一趋势越来越明显。B 点之后，框架的承载力逐渐降低，随着位移的继续增加，框架形成了较多塑性铰，框架逐渐丧失承载能力。由图 2-13 可以看出，承载力下降段较为平缓，说明型钢混凝土框架结构具有较好的延性和耗能能力。正向加载骨架曲线和反向加载骨架曲线不是完全的对称，正向骨架曲线对应的峰值荷载略低于反向骨架曲线对应的峰值荷载，主要是由于反向循环加载结束后进行正向加载时，框架结构已经存在一定的残余变形，当正向加载时首先需要抵消框架结构中的残余变形。另外，反向加载后框架形成一定程度的损伤，造成正向加载时承载力比相应反向加载时承载力有所降低。

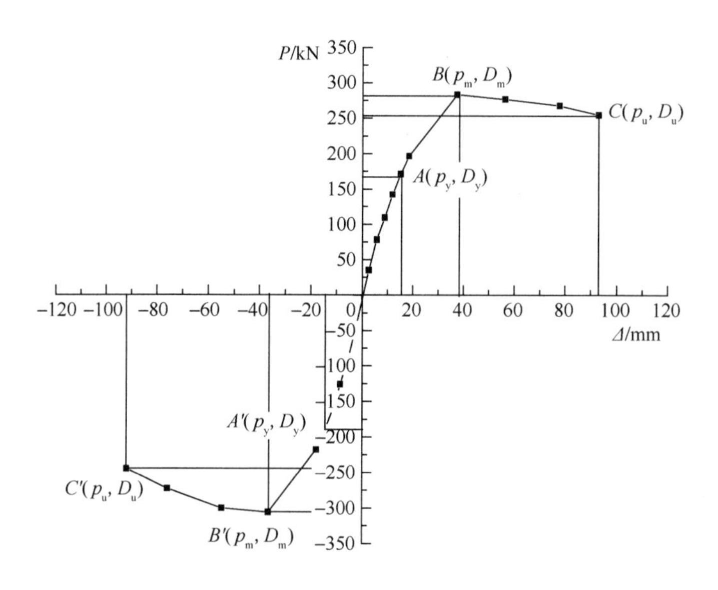

图 2-13 骨架曲线

在型钢混凝土框架结构的骨架曲线中，各阶段的刚度可分别用初始刚度、硬化刚度和负刚度来描述。初始刚度 K_e，用来描述骨架曲线的弹性阶段，在图 2-13 中为 0A 的连线；硬化刚度 K_s，用来描述结构屈服后的受拉刚化效应，物理意义为承载力从屈服荷载到峰值荷载增长的幅度，在图 2-13 中为 AB 的连线；负刚度 K_n，用来描述结构荷载位移曲线的下降段，为荷载达到峰值后结构承载力衰减的幅度，在图 2-13 中为 BC 的连线。硬化刚度与初始刚度成比例，负刚度与初始刚度成比例，分别表示为

$$K_s=\alpha_s K_e \tag{2-4}$$

$$K_n=\alpha_n K_e \tag{2-5}$$

式中，α_s 为硬化刚度与初始刚度的比例系数；α_n 为负刚度与初始刚度的比例系数，通过试验确定。本试验确定的型钢混凝土框架结构的 $\alpha_s=0.48$，$\alpha_n=-0.1$。文献[20]中，钢结构 $\alpha_s=0.03$，$\alpha_n=-0.03$；钢筋混凝土结构 $\alpha_s=0.1$，$\alpha_n=-0.24$。型钢混凝土结构的硬化刚度比例系数要高于钢结构的和钢筋混凝土结构的，说明型钢混凝土结构屈服后强度提升的空间较大。型钢混凝土结构的负刚度比例系数在钢结构和钢筋混凝土结构之间，说明当荷载超过结构的最大承载力之后，型钢混凝土结构的性能优于钢筋混凝土结构，且略低于钢结构。

2.2.3.2 破坏机制

图 2-14 为框架试件塑性铰出现顺序。由图 2-14 可以看出，给出了型钢框架

模型在水平低周反复荷载作用下，无论是正向加载还是负向加载，模型框架均表现为梁端先出铰、柱端后出铰，且基本上在梁端出铰后柱端才出铰，这充分说明框架模型属于梁铰破坏机制，体现了“强柱弱梁”的设计概念，且模型框架的最终破坏是由柱端塑性铰导致的。在框架结构“强柱弱梁，强节点弱构件”的抗震要求下，为了避免结构发生整体倒塌，结构较为理想的破坏形态应为梁铰破坏机制。对于梁铰破坏机制下的框架，梁的损伤比柱的损伤大，最终结构层的损伤主要由梁的损伤控制。要满足“强节点弱构件”的要求，节点的损伤要小于柱与梁的损伤，理想状态是在构件破坏以后节点仅出现轻微损伤。

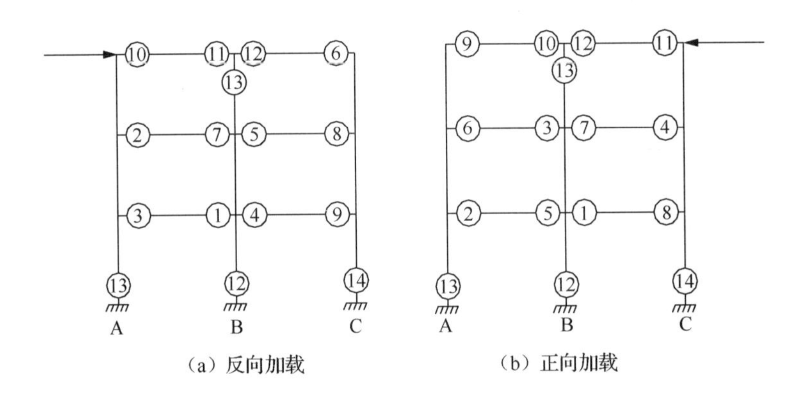

图 2-14　框架试件塑性铰出现顺序

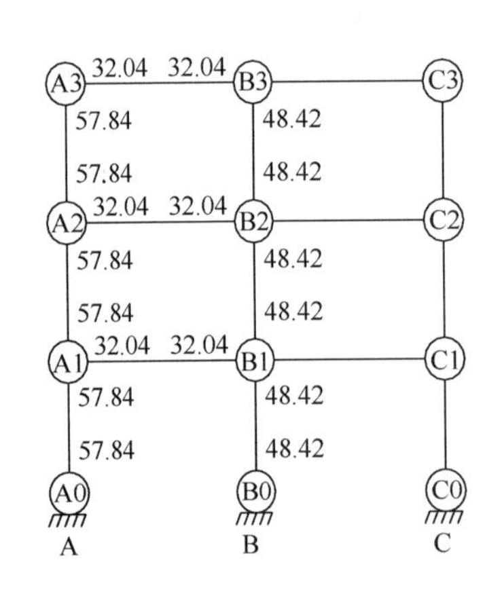

图 2-15　模型框架柱、梁受弯承载力

图 2-15 为模型框架柱、梁受弯承载力。柱端弯矩值和梁端弯矩值分别表示为 M_c、M_b。表 2-5 为柱端、梁端弯矩。表 2-5 列出模型框架按节点计算的柱端弯矩之和与梁端弯矩之和的比值 $\sum M_c/\sum M_b$ 及按照楼层计算的柱端弯矩之和与梁端弯矩之和的比值 $\sum\sum M_c/\sum\sum M_b$。由表 2-5 可以看出，无论是按节点计算还是按楼层计算，模型框架柱的极限抗弯能力均大于梁的极限抗弯能力，进一步验证了型钢混凝土框架结构能够满足“强柱弱梁”关系，达到延性框架的要求。框架构件梁和柱的损伤主要由弯矩作用引起，剪力次之。由表 2-5 计算结果可知，梁端受弯承载力小于柱端受弯承载力，则梁损伤比柱的损伤严重，与试验结果吻合。在加载前期，框架梁是主要的受力构件，吸收较多的能量，随着框架变形的增大，框架柱开始吸收大量能量，直至框架破坏。

表 2-5　柱端弯矩、梁端弯矩

层	节点	M_c/（kN·m）	M_b/（kN·m）	$\sum M_c/\sum M_b$	$\sum\sum M_c/\sum\sum M_b$
三	A3	57.84	32.04	1.8	
	B3	48.42	64.08	0.76	1.28
	C3	57.84	32.04	1.8	
二	A2	115.68	32.04	3.61	
	B2	96.84	64.08	1.51	2.56
	C2	115.68	32.04	3.61	
一	A1	115.68	32.04	3.61	
	B1	96.84	64.08	1.51	2.56
	C1	115.68	32.04	3.61	

通过观察框架模型的裂缝发展模式和最终破坏结果，得到框架模型的损伤试验结果：在低周反复荷载作用下，框架梁损伤早于框架柱，框架梁损伤比框架柱损伤严重，同时底层的损伤远远大于其他层。节点区损伤较晚，在整体结构接近峰值荷载时，节点区保护层出现斜裂缝，一、二层中节点较为明显，边节点箍筋外侧混凝土有细微开裂，当框架结构接近破坏荷载时，框架梁、柱损伤严重，节点区混凝土开裂严重，并有局部脱落现象，但箍筋约束区内的混凝土较为完整，节点没有发生大的变形。

2.2.3.3　强度衰减与刚度退化

表 2-6 为框架强度降低系数λ和相对刚度降低系数。从滞回曲线（图 2-12）可以得到模型框架屈服以后，在各加载阶段经历 3 次循环的强度降低系数λ（$\lambda=P_3/P_1$，其中 P_1 为某级加载的第一循环峰点荷载值，P_3 为该级加载的第三循环峰点荷载值）。

表 2-6　框架强度降低系数和相对刚度降低系数

加载方向	屈服荷载		峰值荷载		极限荷载	
	λ	P/Δ	λ	P/Δ	λ	P/Δ
正向	0.959	5.27%	0.847	16.14%	0.908	10.95%
反向	0.958	4.66%	0.858	14.40%	0.875	12.70%

由表 2-6 看出，模型框架各循环具有较大残余变形，但随着循环次数的增加，强度降低和相对刚度降低都较慢，每级加载经历三次循环后，强度降低 4.1%～15.30%，刚度降低 4.66%～16.14%。随着循环次数的增加，框架的损伤不断累积，造成框架整体强度不断衰减。强度衰减和刚度退化与框架模型的损伤发展过程一致，这一现象是由荷载位移和循环次数的增加使框架结构的损伤不断累积导致的。

这种损伤主要表现为混凝土各种裂缝的产生和发展，型钢与钢筋的逐渐屈服，型钢与混凝土之间的黏结滑移等。

表 2-7 为框架承载力降低系数λ_i及割线刚度 K_i。在水平往复荷载作用下，框架模型的整体刚度不断退化，框架模型屈服以后加载阶段承载力降低系数λ_i 值为 P_i/P_{i-1}（其中 P_i为第 i 级加载的第一循环峰值点荷载值，P_{i-1}为该第 i-1 级加载的第一循环峰值点荷载值）比值。

表 2-7　框架承载力降低系数及割线刚度

i 倍屈服位移		1	2	3	4	5
λ_i	正向加载	—	1.44	0.98	0.97	0.95
	反向加载	—	1.41	0.98	0.91	0.90
K_i		11.4	7.79	5.2	3.52	2.7

由表 2-7 可以看出，在模型框架进入屈服状态（i=1）以后，承载能力开始降低，割线刚度逐渐下降，这是由于个别框架梁出现塑性铰，导致荷载增长的速率低于位移增长的速率；模型框架达到最大荷载（i=2）后，框架的承载力衰减速率变慢，割线刚度下降缓慢，这是由于多个框架梁形成了塑性铰，且混凝土内有型钢的存在使得框架柱的塑性铰发展比较缓慢。模型框架结构达到极限荷载的速率比较缓慢，有利于框架结构吸收和释放能量，防止结构坍塌，进一步体现了型钢混凝土结构抗震性能的优越。由图 2-13 可以看出，随着损伤的累积，框架整体刚度不断退化，每次循环后都存在不同程度的残余变形，而且随着位移幅值的增加，框架刚度退化现象不断加剧。

2.2.3.4　试件延性和耗能

表 2-8 为试件特征点的荷载和位移。框架模型延性系数μ（$\mu=\Delta_u/\Delta_y$，其中Δ_u为结构破坏时位移，Δ_y为结构屈服时位移）平均值为 4.59，满足框架结构延性系数大于 4 的要求，表明模型框架具有较好的延性。

表 2-8　试件特征点的荷载和位移

加载	开裂荷载		屈服荷载		峰值荷载		极限荷载	
方向	P_0/kN	Δ_0/mm	P_y/kN	Δ_y /mm	P_m/kN	Δ_m/mm	P_u/kN	Δ_u/mm
正向	109.3	8.9	196.8	20.5	283.0	37.4	254.8	93.0
反向	126.0	8.5	217.4	19.8	305.8	36.4	244.8	91.9

图 2-16 为耗能比计算简图，其表达式为

$$\zeta=A_1/A \tag{2-6}$$

式中，A 为水平力所做的功，$A=A_1+A_2$［其中 A_1 为结构在荷载加循环一次所做吸收的能量（曲边形 ABC 的面积），A_2 为结构在外荷载卸载过程中所释放的能量（曲边形 BEC 的面积）］。

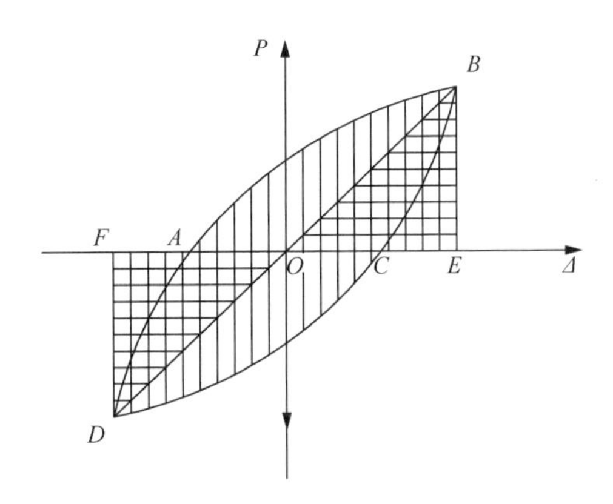

图 2-16 耗能比计算简图

试件的耗能比见表 2-9。型钢混凝土框架结构屈服的耗能比要比钢管混凝土框架结构的小，比钢筋混凝土框架耗能比大（钢筋混凝土框架结构耗能比在 0.10～0.20，钢管混凝土框架结构耗能比在 0.26～0.36），表明型钢混凝土框架结构具有良好的耗能能力，具有良好的抗震性能。

表 2-9 框架试件的耗能比

加载方向	屈服荷载	峰值荷载	极限荷载
正向	0.233	0.549	0.717
反向	0.299	0.510	0.704

2.2.4 累积损伤分析

低周反复荷载作用会导致结构发生损伤，并且该损伤指数会随着荷载循环次数的增多而不断累积。当结构的损伤累积到一定程度时，将导致其无法继续承受荷载而发生整体或局部破坏。结构的损伤程度一般用损伤指数 D 来表示，D 可通过建立相应的损伤模型来计算。对于型钢混凝土框架结构，目前还没有明确的损伤模型来计算其损伤指数。文献[5]基于能量守恒定律和构件滞回特性建立了适合混凝土规则框架的累积损伤模型，该模型能够较好地反映结构在任意循环下的累积损伤程度，且工作量较小。

本试验框架模型为规则框架，采用文献[5]提出的损伤模型对其进行整体累积损伤分析。图 2-17 给出具有代表性的特征点时的损伤指数，图中 D 为损伤指数，n 为循环次数，连续的不同符号表示相同位移下不同循环次数的损伤指数。由图 2-17 可以看出，开裂点框架的损伤指数约为 0.2，此时只有底层梁端混凝土出现竖向微裂缝，裂缝在卸载时可以闭合，框架基本处于弹性阶段；屈服点损伤指数为0.30～0.40，此时梁端型钢翼缘屈服，梁端裂缝变多变宽，并有部分裂缝贯通；峰值点损伤指数为 0.50～0.60，此时框架整体承载力达到最大值，在原有破坏基础上底层柱端出现裂缝，梁端混凝土有脱落现象；破坏点损伤指数达到 0.83，此时梁柱交接处出现局部混凝土压碎、脱落，箍筋有部分外露，梁端塑性较充分发挥了作用，另外底层柱角也有混凝土压碎现象，节点处出现交叉斜裂缝。

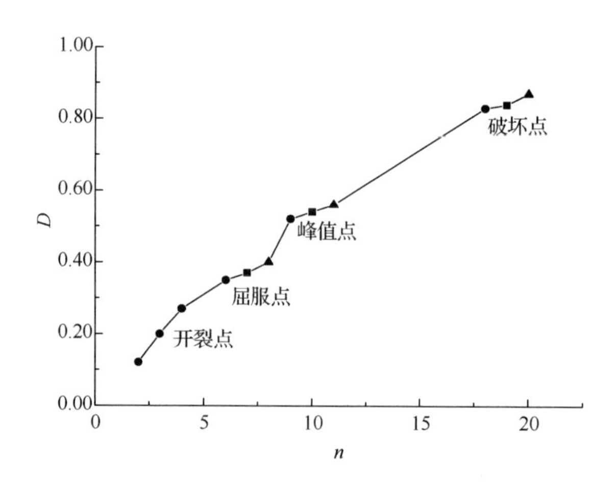

图 2-17　拟静力加载过程中框架的累积损伤指数

在低周反复荷载作用下，随着循环次数和加载位移的不断增加，框架整体损伤不断增大，在加载前期，损伤增长速度快，后期主要由型钢承受荷载，故损伤增长逐渐缓慢。在相同位移加载下，随着循环次数的增加，框架的损伤指数也有所增加，说明相同变形时，循环次数增加，结构累积损伤越严重。当框架承载力下降到峰值荷载的 85%以下时，其框架结构损伤指数达到 0.83，此时卸载后框架发生倾斜明显，不能恢复到原来位置，但由于内部型钢的存在框架没有发生倒塌，说明型钢混凝土结构具有很好的抗震性能。

表 2-10 为试件特征点对应损伤指数和层间位移角。通过层间位移角可推断出建筑物对应的损伤程度，为结构或构件的震后加固提供依据。

表 2-10　试件特征点对应损伤指数和层间位移角

特征点	开裂荷载	屈服荷载	峰值荷载	极限荷载
损伤指数	0.20	0.35	0.52	0.83
层间位移角	1/357	1/154	1/84	1/34

2.3 型钢混凝土框架结构地震损伤数值模拟

2.3.1 材料的本构关系模型

利用有限元软件对结构进行分析时，材料本构关系的合适性是决定有限元模拟结果能否准确反映真实情况的关键因素之一[6-8]。在对型钢混凝土框架模型进行数值模拟中需要确定三种材料的本构模型，即型钢、混凝土和钢筋的本构模型，三种本构模型的选取对模拟结果有直接的影响，选取合适的本构关系就显得尤为重要。

2.3.1.1 混凝土本构模型

已有学者对混凝土本构模型进行了相关研究[9-12]，但大多是集中在静力单调荷载作用下结构的反应，对混凝土材料在低周往复荷载作用下的研究相对较少，而反复受力是结构在地震作用下的重要受力特征。另外，对于 ABAQUS 中混凝土本构模型的裂缝模型以及裂面行为等重要因素的相关研究也较少。ABAQUS 中提供了三种混凝土本构模型：脆性开裂模型、弥散开裂模型和塑性损伤模型。塑性损伤模型充分考虑了混凝土在往复荷载作用下的裂缝开展、裂缝闭合、刚度恢复及损伤等问题，因此塑性损伤模型比较适合模拟地震作用下混凝土的材料本构关系。本节模拟混凝土的本构模型采用 ABAQUS 中提供的塑性损伤模型，该模型有一个特点：采用各向同性弹性损伤模型，复合了各向同性拉伸和压缩塑性的概念来描述混凝土的非弹性行为，具有很好的收敛性，能够较好地模拟低周反复荷载作用下混凝土本构关系的非线性问题。下面介绍混凝土塑性损伤模型。

1）单轴本构关系

混凝土塑性损伤模型需要定义混凝土材料的单轴受压应力-应变关系，在 ABAQUS 分析中，混凝土材料的单轴受压应力-应变关系由三部分组成：弹性段、强化段、软化段。混凝土的单轴本构关系是其塑性损伤模型的基础。《混凝土结构设计规范（2015 年版）》（GB 50010—2010）建议的混凝土单轴本构关系曲线受压部分如图 2-18 所示，其函数表达式见式（2-7）。

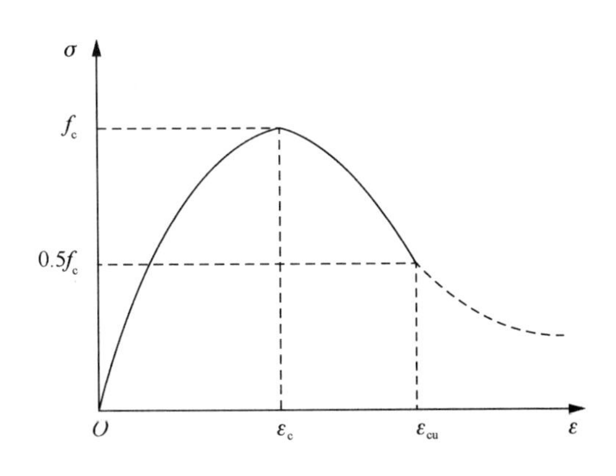

图 2-18 混凝土单轴受压本构模型

$$\sigma=(1-d_c)E_c\varepsilon \tag{2-7a}$$

$$d_c=\begin{cases}1-\dfrac{\rho_c n}{n-1+x^n} & x\leqslant 1\\[2ex] 1-\dfrac{\rho_c}{\alpha_c(x-1)^2+x} & x>1\end{cases} \tag{2-7b}$$

$$\rho_c=\frac{f_c}{E_c\varepsilon_c} \tag{2-7c}$$

$$n=\frac{E_c\varepsilon_c}{E_c\varepsilon_c-f_c} \tag{2-7d}$$

$$x=\frac{\varepsilon}{\varepsilon_c} \tag{2-7e}$$

式中，α_c为混凝土单轴受压应力-应变曲线下降段参数；f_c为混凝土单轴抗压强度；ε_c为与单轴抗压强度f_c相应的混凝土峰值压应变；d_c为混凝土单轴受压损伤演化参数。

ABAQUS 中定义混凝土单轴受压应力-应变关系时，采用的是应力和塑性应变的关系曲线，需要将图 2-18 中曲线的应变ε转化成塑性应变ε_{pl}，具体公式为

$$\varepsilon_{pl}=\varepsilon-\sigma_c/E_c$$

式中，E_c为初始弹性模量。

单轴受拉本构关系需要确定抗拉强度值f_t和软化段，即达到抗拉强度后的应力-应变曲线。达到抗拉强度之前，混凝土受拉按弹性处理，认为弹性模量和受压初始切线模量相同；当混凝土拉应变超出受拉弹性极限应变后，按先前定义的软化曲线取值。在定义混凝土软化段时，极限拉应变及其对应的残余强度对 ABAQUS 计算分析的收敛性有较大的影响。本计算中混凝土极限拉应变取 0.001，残余强度取$0.1f_t$，f_t取值参照混凝土试块的实测值f_c。混凝土单轴受拉本构关系如图 2-19 所示，其函数表达式为

$$\sigma=(1-d_t)E_c\varepsilon \tag{2-8a}$$

$$d_c=\begin{cases}1-\rho_t(1.2-0.2x^5) & x\leqslant 1\\[2ex] 1-\dfrac{\rho_t}{\alpha_t(x-1)^{1.7}+x} & x>1\end{cases} \tag{2-8b}$$

$$\rho_t=\frac{f_t}{E_c\varepsilon_t} \tag{2-8c}$$

$$x=\frac{\varepsilon}{\varepsilon_t} \tag{2-8d}$$

式中，α_t为混凝土单轴受拉应力-应变曲线下降段参数值；f_t为混凝土单轴抗拉强度；ε_t为与单轴抗拉强度f_t相应的混凝土峰值拉应变；d_t为混凝土单轴受拉损伤演化参数。

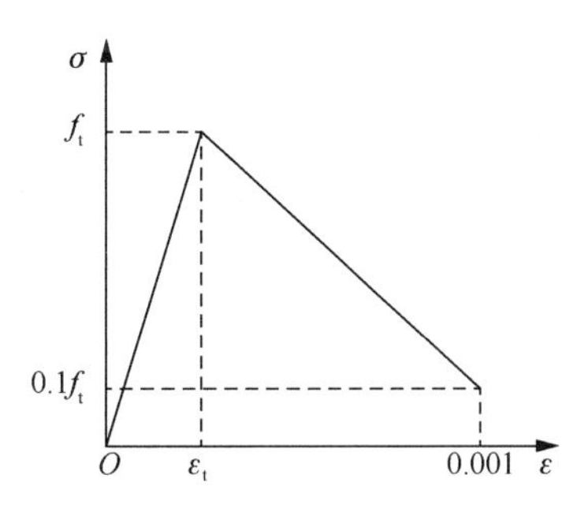

图 2-19　混凝土单轴受拉本构模型

2）损伤指标

如图 2-20 所示，损伤会引起混凝土刚度的退化，因此，当混凝土构件从应力-应变曲线软化段上任意一点卸载时，其刚度都会有所降低。引入损伤指标d_c和d_t来描述混凝土在受拉和受压时刚度的退化，其表达式为

$$d_c = d_c\left(\varepsilon_c^{pl}, \theta, f_i\right) \tag{2-9}$$

$$d_t = d_t\left(\varepsilon_t^{pl}, \theta, f_i\right) \tag{2-10}$$

式中，ε_c^{pl}、ε_t^{pl}分别为等效抗压和抗拉塑性应变；θ为温度变量；f_i为其他可能变量；d_c和d_t分别为抗压和抗拉塑性应变、温度和其他变量的函数，其取值均在 0～1。因此，单轴受压和受拉状态的应力-应变关系可表示为

$$\sigma_c = (1-d_c)E_0(\varepsilon_c - \varepsilon_c^{pl}) \tag{2-11}$$

$$\sigma_t = (1-d_t)E_0(\varepsilon_t - \varepsilon_t^{pl}) \tag{2-12}$$

则有效压应力、有效拉应力关系可表示为

$$\bar{\sigma}_c = \frac{\sigma_c}{1-d_c} = E_0(\varepsilon_c - \varepsilon_c^{pl}) \tag{2-13}$$

$$\bar{\sigma}_t = \frac{\sigma_t}{1-d_t} = E_0(\varepsilon_t - \varepsilon_t^{pl}) \tag{2-14}$$

在单轴反复荷载条件下，损伤引起混凝土弹性模量减小，可表示为

$$E = (1-d)E_0 \tag{2-15}$$

其中

$$1-d = (1-s_t d_c)(1-s_c d_t) \tag{2-16}$$

式中，E_0为混凝土初始弹性模量；s_t、s_c分别为受拉和受压的刚度恢复系数，是应力状态的函数。

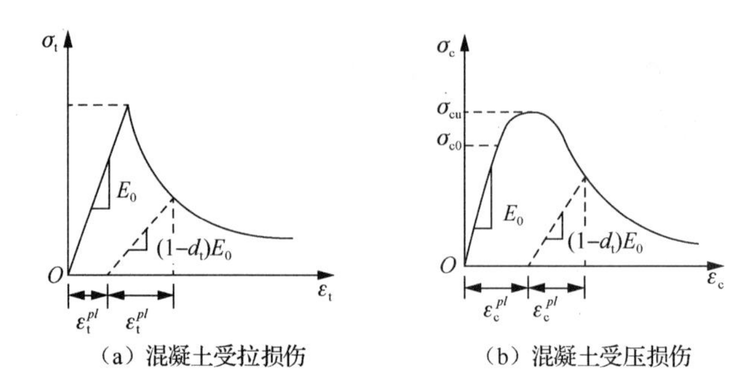

（a）混凝土受拉损伤　（b）混凝土受压损伤

图 2-20　混凝土单轴损伤应力-应变关系曲线

3）流动法则

塑性损伤模型的流动法则采用关联流动法则，其塑性势函数为

$$G=\sqrt{(\lambda\sigma_{t0}\tan\psi)^2+1.5\rho^2}+\sqrt{3}\xi\tan\psi \tag{2-17}$$

式中，σ_{t0} 为单轴抗拉强度；$\rho=(2J_2)^{0.5}$，其中 J_2 为偏应力张量第二不变量；ξ 为有效静压力；ψ为混凝土屈服面在强化过程中的膨胀角，从有关专家和学者的研究来看，混凝土膨胀角ψ的取值范围为 37°～42°；λ为混凝土塑性势函数的偏心距，取 0.1。

4）屈服准则

混凝土塑性损伤模型的屈服面函数为

$$F=\frac{1}{1-\alpha}\left[\sqrt{3J_2}+\alpha I_1+\beta(\alpha_{\max})-\gamma(-\alpha_{\max})\right]-\sigma_{c0} \tag{2-18}$$

其中

$$\alpha=\frac{\sigma_{b0}/\sigma_{c0}-1}{2\sigma_{b0}/\sigma_{c0}-1} \tag{2-19a}$$

$$\beta=\frac{\sigma_{c0}}{\sigma_{t0}}(1-\alpha)-(1+\alpha) \tag{2-19b}$$

$$\gamma=\frac{3\times(1-K_c)}{2K_c-1} \tag{2-19c}$$

式中，I_1 为应力张量第一不变量；σ_{b0} 为混凝土双轴抗压强度；σ_{c0} 为混凝土单轴抗压强度；σ_{t0} 为混凝土单轴抗拉强度；K_c 为控制混凝土屈服面在偏平面上的投影形状的参数，对于正常配筋的混凝土，建议 K_c=0.67；$\alpha_{\max}$ 为 α 最大值。

2.3.1.2　型钢本构模型

型钢本构关系运用多折线随动强化模型，该模型能够反映包辛格（Bauschinger）效应，能够较好地反映往复加载现象，其单轴应力-应变关系如图 2-21 所示。模型采用米西斯（Mises）屈服准则、随动强化准则和关联流动法则。

$$\sigma_s = \sqrt{0.5[(\sigma_1 - \sigma_2)^2 + (\sigma_2 - \sigma_3)^2 + (\sigma_3 - \sigma_1)^2]} \tag{2-20}$$

式中，σ_1、σ_2、σ_3 为主应力。

当等效应力超过材料的屈服应力时发生屈服，屈服准则为

$$|\sigma_s|<f_y \tag{2-21}$$

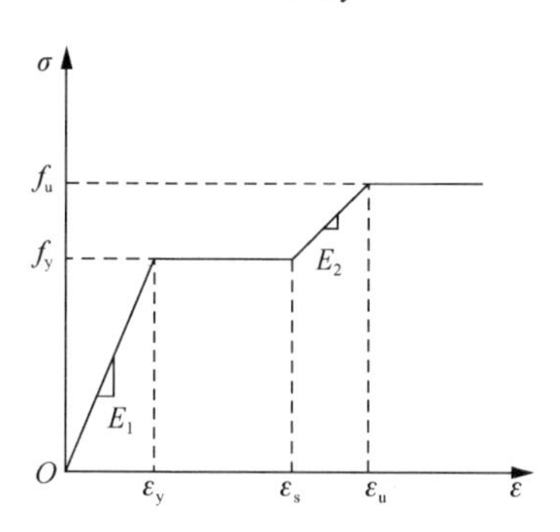

图 2-21　型钢本构关系模型

2.3.1.3　钢筋本构模型

纵横向钢筋及箍筋可以看作理想的弹塑性材料，其本构模型选用理想的双折线弹塑性本构模型，如图 2-22 所示。对于钢筋单元，假定其仅受单向拉压应力，忽略横向剪切应力。可采用 Von Mises 屈服准则来判断钢筋是否屈服，若$|\sigma_{ss}|\geqslant f_y$（其中$\sigma_{ss}$为主拉应力）则认为钢筋屈服，进入塑性阶段。

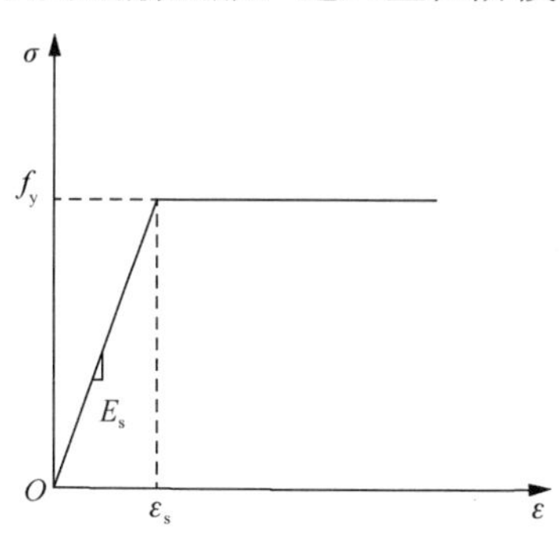

图 2-22　钢筋本构关系模型

2.3.2　建模计算过程

利用有限元软件 ABAQUS 对型钢混凝土框架结构进行模拟，欲实现对型钢混凝土框架结构精确的模拟，就需要注意以下几部分的模拟：型钢翼缘内部被约束的混凝土、无约束混凝土以及型钢与混凝土之间的黏结滑移问题。其次，单元

的选取、网格的划分、边界条件的选取都会影响模拟结果。以下是进行 ABAQUS 模拟的过程，在模拟中做出如下假定。

（1）混凝土材料初期按各向同性，开裂后为各向异性。

（2）钢筋和型钢的钢材为各向同性。

（3）钢筋与混凝土之间的黏结滑移不考虑。

（4）型钢与混凝土之间的黏结滑移影响需要考虑。

2.3.2.1　单元选取

对于数值模拟，要想模拟结果与实际效果更贴切，那么正确的选择能代替材料的单元是非常关键的。本次模拟中各单元的类型选用 ABAQUS 单元库中自带的单元，混凝土选用三维实体单元 C3D8R，该单元可以通过其任意一个表面与其他单元相连，能够用来模拟任何形状，承受各种荷载；型钢采用平面壳单元 S4R，该单元用来模拟那些在一个方向的尺寸远小于其他方向的尺寸，并且沿厚度方向的应力可以忽略的结构；纵筋和箍筋采用三维杆单元 T3D2，该单元能够适合模拟只承受拉伸或压缩荷载的杆件，不能承受弯矩。模型的几何尺寸与试验框架尺寸相同，材料参数由实测值确定。

2.3.2.2　接触问题

在数值模拟过程中，经常会涉及各种部件之间的接触问题。利用 ABAQUS 模拟接触问题时，需要先判断哪两个面之间会发生接触，然后在两个部件上建立可能发生接触的表面，最后确定控制各接触面之间的相互作用的本构模型。在 ABAQUS 模拟过程中，若默认的接触设置不能满足要求时，可以指定接触模拟的其他方面内容。

利用有限元软件 ABAQUS 模拟低周反复荷载作用下型钢混凝土框架结构时，型钢与混凝土之间的接触问题非常复杂，很难有准确的模拟方法。本次在型钢混凝土框架模型时，首先利用 ABAQUS 自带的单元库，运用合适的单元建立相应的混凝土、型钢、钢筋各自的有限元模型，同时考虑型钢与混凝土之间的接触问题，建模时在型钢与混凝土之间插入黏结滑移单元；再把型钢和钢筋嵌入到混凝土中，混凝土对型钢和钢筋形成约束，使之相互作用并协同受力。该方法模拟实际过程中型钢与混凝土之间的黏结问题，保证模拟结果更贴近于实际。

2.3.2.3　单元划分

在利用 ABAQUS 进行模拟中，影响模拟结果的因素有很多，单元网格划分也是其中之一。单元划分过小就会形成应力集中现象，这会导致混凝土提前破坏；单元划分过大，就会过高地估计构件的能量耗散能力，导致模拟结果与试验结果不相符。因此，在利用 ABAQUS 建模过程中应该对单元的划分进行有效的控制，使模拟结果更准确。

在型钢混凝土组合结构中，构件由不同的材料，包括混凝土、型钢、钢筋组成，各种材料的单元划分要考虑自身单元划分对整体分析的影响，同时还要考虑划分形成的节点能够作为相邻材料的划分的单元节点，各种材料之间需要考虑耦合作用，这样能使有限元分析过程中不会出现奇异矩阵，因此网格的划分需要综合考虑各方面因素之间的相互影响。

在本数值模拟的型钢混凝土框架中，主要由混凝土和型钢承担荷载作用，因此对钢筋的网格划分可以粗糙一点，这样能减少软件的计算时间。型钢的网格划分在不同部位可以有所差别，腹板主要承受剪力作用，腹板与翼缘的连接部位属于薄弱区，则这部分的网格划分需要细致一点，其他次要部位的网格划分可以相对粗糙一点。混凝土的受压和受拉区域分布相对比较均匀，在划分网格时可以按照全截面来统一划分。

2.3.2.4 模型单元

型钢混凝土框架模型杆件、材料较多，若所有杆件网格划分都较密则得到的单元就会非常多，这会大大增加计算难度和速度，因此在模拟过程中要有选择地控制杆件单元的划分。通过试验知道型钢混凝土框架结构在低周往复荷载作用下，梁、柱的跨中部位破坏较少，主要破坏在节点、梁端、柱端，因此在网格划分时，梁、柱跨中部分的划分要稀疏一点，节点、梁端、柱端这些主要破坏部位的划分要细密些，这样划分的目的是在保证模拟结果准确性的前提下提高计算速度，而且能将网格划分产生的误差控制在可接受的范围内。型钢混凝土框架结构有限元模型如图 2-23 所示。

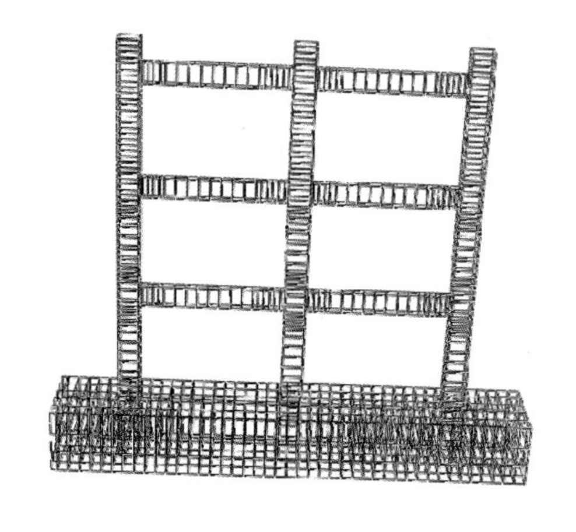

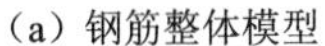

（a）钢筋整体模型

（b）型钢整体模型

图 2-23 型钢混凝土框架结构有限元模型

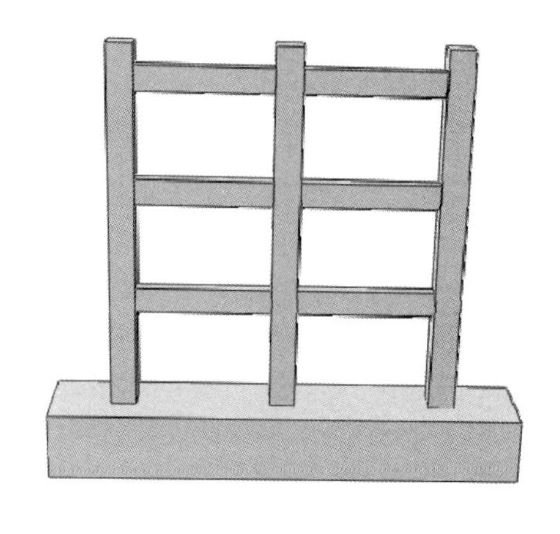

（c）混凝土整体模型

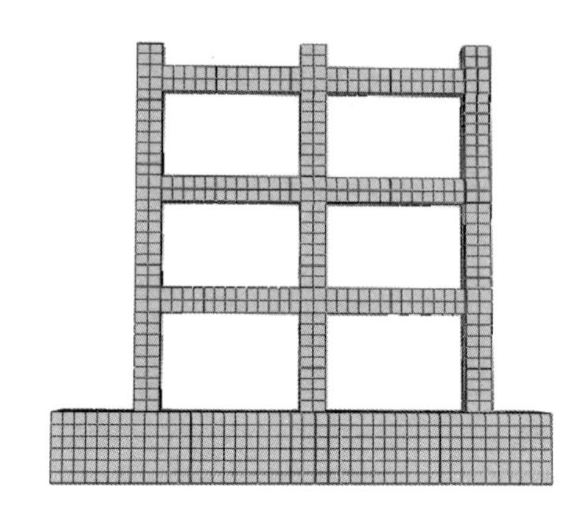

（d）型钢混凝土整体框架网格划分

图 2-23 （续）

2.3.2.5　加载求解

根据型钢混凝土框架结构的拟静力试验，框架地梁与地面为固结，有限元模拟试验的边界条件时，将框架结构地梁下端完全固定，约束地梁下表面所有节点的自由度。型钢混凝土的荷载施加分为两步：首先在柱顶施加轴向压力，为了防止应力集中导致分析结果不收敛，轴向压力通过换算成均布荷载施加到各个柱顶表面；再施加水平往复荷载，与试验加载制度相同，水平荷载采用位移控制的加载方式，加载点位置与试验保持一致，同样考虑应力集中问题，在施加水平位移荷载时设置一个参考点，将参考点的核心区耦合在一起再在参考点施加位移荷载。

数值模拟过程中要模拟往复荷载作用，关键就是要确定框架整体的屈服位移。因此，先采用单调位移加载方式直到框架破坏，提取单调加载情况下的荷载位移数值，作出荷载-位移滞回曲线，利用能量等效法确定框架整体的屈服位移。确定屈服位移$\varDelta_{\mathrm{y}}$后，以屈服位移的整数倍数逐级增加进行循环加载，每级循环三次直至框架破坏。

ABAQUS 计算过程中，会涉及材料非线性和几何非线性，要通过迭代求解。因此求解子步的设置对于计算的收敛性有很大的影响，在确保结构计算的收敛性的同时，可适当设置大一点的荷载步来提高计算速度。

2.3.3　数值模拟结果分析

将试验结果和模拟结果中的荷载-位移滞回曲线进行对比，如图 2-24 所示。从图 2-24 中可以看出，数值模拟结果与试验结果有较好的吻合度，基本走势相同。有限元模拟结果的滞回曲线正反向对称性更好，在相同位移情况下，模拟结果得到的荷载值要比试验得到的荷载值大，而且有限元模拟得到的荷载-位移滞回曲线比试验得到的曲线饱满，模拟得到的滞回曲线基本上将试验得到的滞回曲线包裹在里面。产生两者之间的区别主要原因是试验所制作的试件存在各种缺陷与试验过程中设备的影响，以及试件与测量仪表的安装存在一定的误差，这些因素必然导致试验框架的承载力比理想状态小，而有限元模拟不存在上述问题。

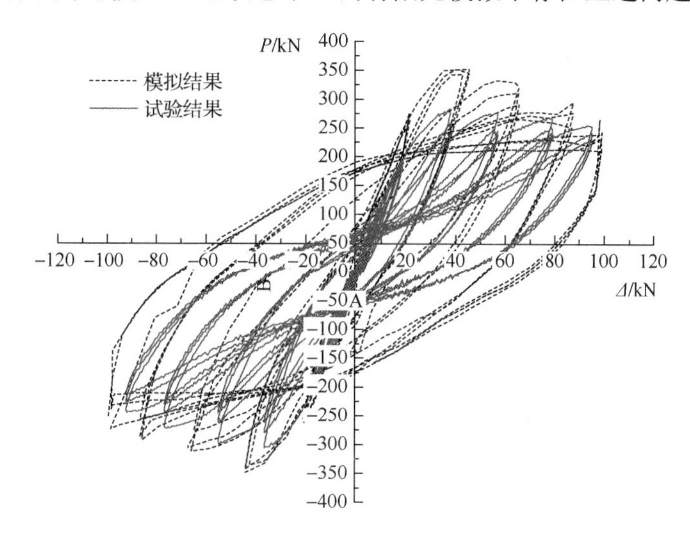

图 2-24　滞回曲线对比

本数值模拟对框架结构的损伤演化分析提供理论依据。

2.4　型钢混凝土框架结构地震损伤量化分析

2.4.1　型钢混凝土框架结构地震损伤模型

在地震作用下，构件或结构的破坏程度可以用损伤指数 D 来定量描述，其一般表达式为

$$D = f(d_1, d_2, \cdots, d_n) \tag{2-22}$$

式中，$d_1, d_2, \cdots, d_n$ 是损伤变量，是计算损伤指数的反应参数。

损伤指数 D 具有如下性质：①D 的取值范围在［0,1］之间，当构件或结构没有受到损伤时，可认为 D=0；当构件或结构完全破坏时，可认为 D=1。②D 为单调递增函数，即损伤指数是逐渐增大的，且不可逆。损伤变量 d 可以是度、刚度、变形、延性等。

目前，国内外关于建筑物的损伤研究主要集中在材料、构件和结构尺度，虽然这方面的研究已经取得了一定的成果，但在很多方面还没有达到统一的规定。本节将通过构件尺度和结构尺度对损伤研究进行探讨。

2.4.1.1　构件尺度的地震损伤模型

在构件尺度上，根据选择参数的数量不同，地震损伤模型可以分为单参数地震损伤模型和双参数地震损伤模型。下面分别介绍单参数地震损伤模型和双参数地震损伤模型。

1）单参数地震损伤模型

单参数地震损伤模型认为，采用某个单一的损伤变量就能反映构件或结构的地震损伤。目前单参数地震损伤模型中应用比较广泛的参数主要有强度、刚度、变形、延性等。现有的单参数地震损伤模型主要有以下四种。

（1）利用延性作为损伤变量，强调延性对抗震的有利作用，并用单调加载最大延性作为结构地震反应的极限延性，此类损伤模型可以表示为

$$D=\frac{\mu_{\mathrm{m}}-1}{\mu_{\mathrm{u}}-1} \tag{2-23}$$

式中，μ_{m}为最大反应延性，可由时程分析得到；μ_{u}为单调荷载下的极限延性。该模型认为，构件或结构一次性达到延性某值时与多次反复达到该值时所造成的损伤程度相等，没有考虑地震作用下的累积疲劳现象，因此，仅采用延性作为损伤变量的损伤模型不能有效描述反复荷载作用引起的损伤。

（2）利用刚度退化作为损伤变量，为了反映构件或构件进入屈服阶段后强度和刚度的退化，Gulkan 等[13]和 Banon 等[14]引入了破坏比的概念，损伤模型为

$$D=\frac{K_0}{K_{\mathrm{s}}} \tag{2-24}$$

式中，K_0为初始弹性刚度；K_{s}为最大变形处退化的割线刚度。对于弯曲类构件，K_0可换为K_{f}, K_{f}表示弯曲刚度，$K_{\mathrm{f}}=24EI/L^3$。

（3）利用变形作为损伤变量，变形这个概念包含的范围很广，可以是结构的位移、构件的塑性率、不可逆塑性变形及塑性应变等。国内外有很多学者提出了以变形为损伤变量的损伤模型，如董宝和沈祖炎[15]等，利用塑性应变这个损伤变量建立了有关钢材的损伤模型：

$$D=(1-\beta)\frac{\varepsilon_{\mathrm{m}}^{p}}{\varepsilon_{\mathrm{u}}^{p}}+\beta\sum_{i-1}^{N}\frac{\varepsilon_{i}^{p}-\varepsilon_{0}^{p}}{\varepsilon_{\mathrm{u}}^{p}-\varepsilon_{0}^{p}} \tag{2-25}$$

式中，ε_i^p为在循环荷载过程中的第 i 个半循环说产生的塑性应变；$\varepsilon_{\mathrm{m}}^p$为在循环荷载过程中的第 i 个半循环所产生的极限塑性应变；ε_0^p为损伤初始的属性应变；β为 由各半周循环的权数决定。

Sameh 等[16]提出了以构件的非弹性转角为损伤变量的损伤模型：

$$D=\left(\theta_{\mathrm{p}}^{+}\big|_{\mathrm{currentPHC}}\right)^{\alpha}+\left(\sum_{i=1}^{n+}\theta_{\mathrm{p}}^{+}\big|_{\mathrm{FHC},i}\right)^{\beta}\Bigg/\left(\theta_{\mathrm{pu}}^{+}\right)^{\alpha}+\left(\sum_{i=1}^{n+}\theta_{\mathrm{pu}}^{+}\big|_{\mathrm{FHC},i}\right)^{\beta} \tag{2-26}$$

式中，θ_{p} 为构件的塑性转角；θ_{pu} 为单调荷载下构件的极限转角能力。该模型能够反映结构地震作用下首次超越破坏和累积破坏对结构的影响，主要是由从属半循环（follower half cycle，FHC）位移幅值的累积表现出来的，更能体现加载路径的影响。其中主半循环（primary half cycle，PHC）表示结构在加载过程中能够达到的最大位移。

（4）利用能量作为损伤变量，很多学者从能量的角度来研究构件的非线性反应过程，以能量为参数的地震损伤模型认为构件的耗能能力存在极限值。当构件吸收的总能量超过极限值时，构件将完全破坏。地震作用就是以能量的形式传入结构的，而且以能量作为损伤变量还包含有强度和变形等信息，因此以能量为损伤变量来建立构件的地震损伤模型，能够较好地反映构件的非线性损伤破坏的过程。

Kumar 等[17]利用滞回耗能的累积效应建立地震损伤模型，即

$$D=\sum_{i=1}^{n}\beta_i\left(\frac{E_i}{E_{\mathrm{u}}}\right)^c \tag{2-27}$$

式中，n 为半周期数；E_i 为第 i 个半周期的滞回耗能增量；E_{u} 为单调荷载作用下的极限滞回能；β_i 为第 i 个半周期的滞回能权值；c 为常数。

Banon 等[18]利用结构的能量耗散提出一个较为简单的损伤指数

$$D=E(t)/E \tag{2-28}$$

式中，$E(t)$为时间 t 时耗散的能量；E 为结构耗散的全部能量。

2）双参数地震损伤模型

构件或结构在地震作用下的损伤是一个非常复杂的过程，要想准确直观地描述构件或结构的损伤破坏过程，选择合适的损伤变量非常重要，学者们经过研究发现单一的损伤变量不能很好地反映出结构在地震作用下的损伤破坏过程。基于性能的抗震设计也要求对建筑物的破坏进行定量描述，能综合考虑各种损伤变量是一个较好的选择，目前研究者普遍认同也运用很广泛的是双参数地震损伤模型。

运用广泛且有大量实验作为依据的双参数地震损伤模型，最早是由 Park 和 Ang 等提出来的，是以最大变形和累积耗能这两种损伤变量通过非线性组合的方法建立的地震损伤模型：

$$D=\frac{\delta_{\mathrm{m}}}{\delta_{\mathrm{u}}}+\beta\frac{\int \mathrm{d}\varepsilon}{Q_{\mathrm{y}}\delta_{\mathrm{u}}} \tag{2-29}$$

其中

$$\beta=(-0.357+0.73\lambda+0.24n_0+0.31\rho_{\mathrm{t}})\times 0.7\rho_{\mathrm{w}} \tag{2-30}$$

式中，δ_{m} 为构件在地震作用下整个过程中的最大变形；Q_{y} 为构件的屈服强度；δ_{u} 是构件在单调加载作用下的极限变形；β 是参数。

该地震损伤模型首次将最大变形和累积耗能共同作为损伤的评价指标，通过非线性组合评估构件的总体损伤，能够很好地表达出由位移首次超越和累积损伤综合作用对构件的影响，故该模型提出后在地震损伤研究方面得到广大学者的关注，对之后的地震损伤评估研究提供了很大的帮助。但是后来很多学者通过深入研究发现，该模型还是存在一些不足之处的，因此，后来很多研究者基于 Park-Ang 模型建立了改进的双参数地震损伤模型。

Kunnath 等通过对震损构件的研究，对 Park-Ang 损伤模型进行修正，修改后的损伤模型为

$$D=\frac{\delta_{\mathrm{m}}-\delta_{\mathrm{y}}}{\delta_{\mathrm{u}}-\delta_{\mathrm{y}}}+\frac{\beta}{p_{\mathrm{y}}Q_{\mathrm{y}}}\int \mathrm{d}\varepsilon \tag{2-31}$$

式中，δ_{y} 为构件在单调荷载作用下的屈服位移。从修正后的损伤模型可以看出，该模型将屈服位移作为构件变形引起损伤的控制点。

李军旗等[19]对 RC 柱进行循环加载试验研究，改进 Park-Ang 的损伤模型，基于大变形幅值和变形幅值循环效应建立双参数累积损伤模型，即

$$D=\frac{\delta_{\mathrm{m}}}{\delta_{\mathrm{u}}}+m\eta_{\mathrm{p}}\left(1-\frac{\delta_{\mathrm{m}}}{\delta_{\mathrm{u}}}\right)\frac{\sum E_i}{V_{\mathrm{y}}\delta_{\mathrm{y}}} \tag{2-32}$$

式中，δ_{m} 为最大强度处位移；m 为组合系数；η_{p} 为强度衰减系数；δ_{u} 为极限位移；V_{y} 为屈服剪力；δ_{y} 为构件的屈服位移。

江近仁等[20]等对砖墙进行加载试验研究得到其恢复曲线，经过统计分析以最大变形和累积能量损耗建立砖结构的双参数地震损伤模型，即

$$D=\left[\left(\frac{X_{\mathrm{m}}}{X_{\mathrm{y}}}\right)^2+3.67\left(\beta\frac{z}{QX_{\mathrm{y}}}\right)^{1.12}\right]^{1/2} \tag{2-33}$$

式中，$X_{\mathrm{y}}=Q/k$ 表示墙体的名义屈服强度，其中 k、Q 分别为墙体的初始刚度和墙体的极限强度。

欧进萍等[21]在研究钢结构的低周疲劳试验的基础上，利用结构的弹性分析和弹塑性分析方法提出钢结构恢复力模型参数与极限变形的计算方法，建立钢结构的双参数地震损伤模型，即

$$D=\left(\frac{X_{\mathrm{m}}}{X_{\mathrm{n}}}\right)^{\beta}+\left(\frac{\varepsilon}{\varepsilon_{\mathrm{u}}}\right)^{\beta} \tag{2-34}$$

式中，β 为非线性组合系数（对于一般结构，取$\beta=2.0$；对于重要结构，取$\beta=1.0$）。

牛荻涛等[22]以最大变形和滞回耗能两种变量的非线性组合，提出来一种钢筋混凝土框架结构的地震损伤模型：

$$D=\frac{X_{\mathrm{m}}}{X_{\mathrm{u}}}+\alpha\left(\frac{\varepsilon}{\varepsilon_{\mathrm{u}}}\right)^{\beta} \tag{2-35}$$

式中，α、β为组合系数，分别反映了变形与耗能对结构的影响。α=0.1387，β=0.0814。

吕大刚等[23]等提出一种表达更为直观简单的双参数地震损伤模型，即以最大变形和滞回耗能为损伤变量的双参数地震损伤模型：

$$D=(1-\beta)\frac{x_{\mathrm{m}}-x_{\mathrm{y}}}{x_{\mathrm{u}}-x_{\mathrm{y}}}+\beta\frac{E_{\mathrm{h}}}{F_{\mathrm{y}}(x_{\mathrm{u}}-x_{\mathrm{y}})} \tag{2-36}$$

式中，β、$1-\beta$为线性组合系数，β取值范围［0,1］；x_{m}为单自由度体系最大的弹塑性变形；F_{y}为构件屈服力；x_{y}为屈服位移；x_{u}为体系的极限位移；E_{h}为单自由度体系循环加载时的滞回耗能。

2.4.1.2 结构整体的地震损伤模型

目前，国内外学者对单个构件的损伤研究已有一些成果，但对像框架整体结构的损伤研究还不够完善，对型钢混凝土框架结构整体的损伤研究则更少。要想更好地了解整体结构的在地震作用下的损伤演化过程，就需要建立能够定量计算结构整体损伤指数的地震损伤模型。目前常用的方法有两种：一种是整体法，即选取一个反映结构整体损伤的变量来建立损伤模型；一种是加权法，即由结构中各个构件的损伤通过加权法得到结构整体的损伤模型。

1）整体法

对于整体法建立的损伤模型，主要是基于以下几个因素来定义损伤变量并建立损伤模型：刚度、强度、变形、能量、能量和变形的组合。其中基于刚度这一力学指标来建立的损伤模型最为直观，而且便于应用到实际工程中，但它不能全面反映结构的损伤情况。基于变形和能量的非线性组合建立的损伤模型能够较好地描述结构的损伤，但由于模型较为复杂，不能很好地运用到实际工程中。

刁波等[5]以结构在理想无损状态下外力所做的功为初始标量，依据能量耗散原理，提出反复荷载作用下结构累积损伤模型：

$$D=\frac{k_{0j}\varDelta_{ji}^{2}-\left(\int_{\varDelta_{ji0}}^{\varDelta_{ji}}f_{1}(\varDelta_{ji})\mathrm{d}\varDelta_{ji}+\int_{\varDelta_{ji1}}^{\varDelta_{ji}}f_{2}(-\varDelta_{ji})\mathrm{d}\varDelta_{ji}\right)}{k_{0j}\varDelta_{ji}^{2}} \tag{2-37}$$

式中，k_{0j}为第j层结构的初始刚度；$\varDelta_{ji0}$为第$i-1$次循环反向卸载为零时第j层的层间残余应变；$\pm\varDelta_{ji}$为第i次循环正、反向加载至峰点荷载时第j层层间变形；$\varDelta_{ji1}$为第i次循环正向卸载为零时第j层的层间残余变形；$f_1(\varDelta_{ji})$、$f_2(-\varDelta_{ji})$分别为第i次循环正、反向加载第j层层间剪力和层间位移函数。通过对低周往复荷载作用下钢筋混凝土框架结构进行损伤计算，发现该损伤模型能够较好地描述钢筋混凝土框架结构的损伤状态，不仅适用于规则框架也适用于非规则框架。而对于规则框架结构，又提出了一种简单的损伤模型：

$$D = \frac{k_0 \varDelta_{ni}^2 - \left[\int_{\varDelta_{ni0}}^{\varDelta_{ni}} f_1(\varDelta_{ni})\mathrm{d}\varDelta_{ni} + \int_{\varDelta_{ni1}}^{-\varDelta_{ni}} f_2(-\varDelta_{ni})\mathrm{d}\varDelta_{ni}\right]}{k_{0j}\varDelta_{ni}^2} \tag{2-38}$$

式中，$\varDelta_{ni}$ 为顶层相对于地面的绝对位移；$f_1(\varDelta_{ni})$、$f_2(-\varDelta_{ni})$分别为第 i 循环正反向加载结构基地剪力函数；k_0 为结构的初始刚度。该模型用于计算规则框架的累积损伤，计算相对简单，工作量大大减少。

2）加权法

加权法是用于计算整体结构损伤指数的又一种方法，该方法是将整体结构的损伤分解成各个构件的损伤，将各个构件的损伤指数乘以其相对应的加权系数得到的整体结构的损伤。加权法建立的损伤模型能否很好地描述整体结构的损伤，在很大程度上取决于加权系数的选取及计算的难易程度。目前已有的加权系数的选取主要有以下几种。

（1）杜修力和欧进萍[24]是先将整体结构中每层的损伤指数计算出来，然后由各个楼层的损伤指数通过加权法计算出整体结构的损伤指数：

$$D = \sum_{i=1}^{n} W_i D_i \Big/ \sum_{i=1}^{n} W_i \tag{2-39}$$

式中，D_i 为第 i 层的破坏指数，此参数主要是第 i 层的构件根据相同的方式进行组合而成；W_i 为第 i 层的加权系数；n 为结构或者构件的楼层数。

（2）吴波等[25]用刚度比作为权重系数：

$$D = \sum_{i=1}^{n} \frac{k_{0i}}{k_0} D_i \tag{2-40}$$

式中，k_{0i} 为第 i 个部件的无损刚度；k_0 为结构整体的无损刚度。

（3）目前运用较为广泛的是 Park 等[26,27]基于大量钢筋混凝土试验数据建立的加权平均值法损伤模型：

$$D = \sum (W_i D_i) \Big/ \sum W_i \tag{2-41}$$

式中，W_i 为第 i 个构件在整个结构中的重要程度，Park 把 W_i 取为 D_i，式（2-41）表明构件损伤越严重在整体结构的损伤中所占比重就越大，该损伤模型能够很好地反映地震作用下每个构件在整体结构中的作用。

（4）郑山锁等[28]利用位置权重系数与单层权重系数的组合建立结构损伤模型：

$$\mu_{Dj} = \sum_{j=1}^{N} \sqrt{\gamma_j^2 + \mu_{Dj}^2} \cdot D_j \tag{2-42}$$

式中，γ_j 为第 j 层位置权重系数，$\gamma_j = 1/N^{1/2}$；$\mu_{Dj} = D_j \Big/ \sum_{j=1}^{N} D_j$，$\mu_{Dj}$ 为结构第 j 层损伤权重系数。该模型可以较为准确地描述框架结构的破坏过程，但对于加权系数的计算过于复杂。

2.4.2 型钢混凝土框架结构地震损伤指数计算

损伤指数是定量描述构件或结构破坏程度的物理量，基本上是通过选择结构的特征参数的变化来定量描述结构的破坏状况。损伤指数是通过损伤模型计算得来的，损伤指数能否准确客观地描述构件或者结构的破坏状况，取决于损伤模型的准确性。对于型钢混凝土框架结构损伤指数的计算分两步实现比较合理：首先通过构件地震损伤模型计算出框架柱、梁的损伤指数；再通过加权平均值法建立的结构整体损伤模型，对框架梁、框架柱的损伤指数进行组合计算出框架整体的损伤指数。

1）构件损伤指数模型

结构在低周往复荷载作用下的破坏是由位移和损伤逐渐累积引起的，应该综合考虑变形和耗能对损伤的影响。此次对型钢混凝土框架中框架柱、框架梁的损伤指数计算选用王东升等[29]建立的构件双参数地震损伤模型，即

$$D=\left(1.0-\beta\right)\frac{\delta_{\mathrm{m}}-\delta_{\mathrm{y}}}{\delta_{\mathrm{n}}-\delta_{\mathrm{y}}}+\beta\frac{\sum\beta_i E_i}{Q_{\mathrm{y}}\left(\delta_{\mathrm{n}}-\delta_{\mathrm{y}}\right)} \tag{2-43}$$

式中，δ_{m}为地震作用下构件的最大变形；δ_{n}为单调荷载作用下构件的极限位移；δ_{y}为构件屈服位移；Q_{y}为构件屈服强度；$1.0-\beta$和β为组合参数，β一般为 0～0.85，均值为 0.1～0.15；E_i为滞回耗能；β_i为能量项加权因子，与加载路径有关。应用该模型能够计算出框架柱、框架梁在低周反复荷载过程中损伤指数，进而为更好地描述型钢混凝土框架结构的损伤演化规律提供依据。

2）结构损伤指数模型

对框架结构整体的损伤计算目前主要有两种方法：一是整体计算法；二是加权计算法。对试验框架的损伤指数选用整体计算法；对数值模拟框架的损伤指数选用加权计算法。现选用 Park 等提出的加权法结构损伤模型，即

$$D=\sum\left(W_i D_i\big/\sum W_i\right) \tag{2-44}$$

式中，W_i为 i 构件的损伤加权值，这个值是指 i 构件在整个结构中的重要程度。Park 把权值 W_i取为 D_i，以表示损伤程度越严重的构件对结构整体损伤贡献越大。

2.4.2.1 基于试验结果的框架损伤指数计算

由于试验得到的数据比较有限，此次选用整体损伤模型来计算型钢混凝土框架的损伤指数。因本研究为规则框架结构，则选用刁波提出的整体损伤模型计算，见式（2-38）。

表 2-11 为型钢混凝土在不同时刻地震损伤指数值，表中 n 为加载循环次数，D 为损伤指数，$n\Delta_i$代表 n 倍屈服位移加载时的第 i 次循环。由表 2-11 可以看出，当底层框架出现竖向微裂缝时，框架整体的损伤指数为 0.2 左右，此时裂缝在卸

载时基本可以闭合，可以认为框架处于弹性阶段；当框架屈服时，框架的整体损伤指数为 0.3 左右，此时底层梁端型钢翼缘屈服，梁端裂缝变多，有部分竖向裂缝贯通；当框架承载力达到最大时，框架整体损伤指数为 0.5 左右，此时底层柱端出现裂缝，梁柱交界处有部分混凝土脱落；框架破坏时整体损伤指数超过了 0.8，此时底层柱端混凝土有压碎现象，节点处有交叉斜裂缝。

表 2-11　不同循环下框架整体损伤指数

n	1	2	3	4	5	$1\Delta_1$	$1\Delta_2$	$1\Delta_3$	$2\Delta_1$	$2\Delta_2$
D	0.11	0.12	0.20	0.26	0.31	0.35	0.40	0.42	0.43	0.54
n	$2\Delta_3$	$3\Delta_1$	$3\Delta_2$	$3\Delta_3$	$4\Delta_1$	$4\Delta_2$	$4\Delta_3$	$5\Delta_1$	$5\Delta_2$	$5\Delta_3$
D	0.59	0.63	0.70	0.74	0.75	0.79	0.80	0.81	0.82	0.83

2.4.2.2　基于数值模拟结果的框架损伤指数计算

数值模拟计算完成后，需要提取的数据是框架中各柱、梁的荷载-位移曲线图，由于框架中杆件较多，对整个型钢混凝土框架结构中的梁柱进行编号，具体编号如图 2-25 所示。

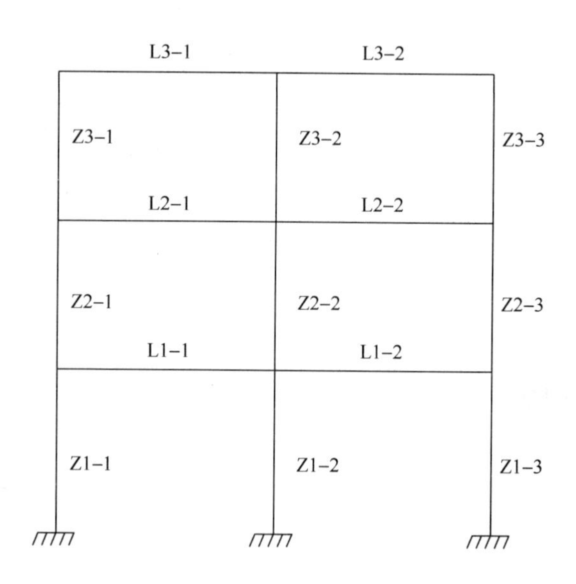

图 2-25　框架结构的杆件编号

通过有限元计算结果，对柱顶截面、梁端截面的剪力进行提取，并得到相应时刻的位移，由此可以绘制出梁、柱的荷载-位移滞回曲线。根据上述选取的构件双参数地震损伤模型对框架梁、框架柱的损伤指数进行计算，计算得到的损伤指数见表 2-12。

表 2-12　不同循环各构件损伤指数

循环 构件	$1\Delta_1$	$1\Delta_2$	$1\Delta_3$	$2\Delta_1$	$2\Delta_2$	$2\Delta_3$	$3\Delta_1$	$3\Delta_2$	$3\Delta_3$	$4\Delta_1$	$4\Delta_2$	$4\Delta_3$	$5\Delta_1$
Z1-1	0.21	0.25	0.27	0.35	0.37	0.38	0.45	0.49	0.52	0.58	0.62	0.65	0.70
Z1-2	0.23	0.27	0.29	0.38	0.40	0.41	0.50	0.52	0.56	0.61	0.65	0.68	0.72
Z1-3	0.21	0.25	0.27	0.35	0.37	0.38	0.45	0.49	0.52	0.58	0.62	0.65	0.70
Z2-1	0.20	0.23	0.24	0.30	0.31	0.32	0.43	0.46	0.49	0.54	0.60	0.63	0.67
Z2-2	0.23	0.25	0.26	0.35	0.36	0.37	0.45	0.48	0.52	0.58	0.62	0.67	0.71
Z2-3	0.15	0.17	0.19	0.23	0.24	0.25	0.31	0.34	0.37	0.44	0.49	0.55	0.61
Z3-1	0.16	0.18	0.20	0.24	0.25	0.26	0.30	0.35	0.37	0.43	0.48	0.54	0.60
Z3-2	0.18	0.20	0.21	0.24	0.26	0.28	0.32	0.36	0.38	0.48	0.50	0.57	0.63
Z3-3	0.15	0.17	0.19	0.23	0.24	0.25	0.31	0.34	0.37	0.44	0.49	0.55	0.61
L1-1	0.34	0.37	0.37	0.48	0.52	0.59	0.64	0.68	0.70	0.76	0.81	0.89	0.98
L1-2	0.34	0.37	0.37	0.48	0.52	0.59	0.64	0.68	0.70	0.76	0.81	0.89	0.98
L2-1	0.30	0.32	0.33	0.45	0.48	0.55	0.62	0.66	0.68	0.74	0.80	0.87	0.92
L2-2	0.30	0.32	0.33	0.45	0.48	0.55	0.62	0.66	0.68	0.74	0.80	0.87	0.92
L3-1	0.20	0.23	0.24	0.38	0.41	0.44	0.54	0.58	0.62	0.70	0.76	0.83	0.88
L3-2	0.20	0.23	0.24	0.38	0.41	0.44	0.54	0.58	0.62	0.70	0.76	0.83	0.88

利用框架柱、框架梁的损伤指数，通过加权组合计算出框架整体的损伤指数，具体值见表 2-13。

表 2-13　框架整体损伤指数

n	$1\Delta_1$	$1\Delta_2$	$1\Delta_3$	$2\Delta_1$	$2\Delta_2$	$2\Delta_3$	$3\Delta_1$	$3\Delta_2$	$3\Delta_3$	$4\Delta_1$	$4\Delta_2$	$4\Delta_3$	$5\Delta_1$
D	0.24	0.27	0.28	0.37	0.40	0.43	0.50	0.54	0.57	0.63	0.68	0.73	0.80

2.4.3　型钢混凝土框架结构损伤量化分析

2.4.3.1　型钢混凝土框架结构损伤演化曲线拟合方程

为了更好地研究分析型钢混凝土框架结构的损伤演化规律，将利用数值模拟结果计算出的离散损伤指数进行曲线拟合，从而得到框架柱和框架梁以及框架整体随循环次数的损伤演化规律。对于框架柱、框架梁以及框架整体的损伤演化曲线采用多项式函数来拟合，并得到拟合后的损伤曲线。

框架柱的损伤演化曲线拟合方程如下。

Z1-1: $$D=0.174\,48+0.035\,68n+0.000\,514n^2-0.000\,011\,7n^3 \tag{2-45}$$

Z1-2: $$D=0.189\,23+0.038\,31n+0.000\,835n^2-0.000\,049\,5n^3 \tag{2-46}$$

Z2-1: $$D=0.223\,15+0.009\,83n+0.006\,990n^2-0.000\,276\,8n^3 \tag{2-47}$$

结构的地震损伤演化描述是通过对结构进行反应分析，确定结构首次出现损伤的位置、追踪损伤扩展的过程，以及给出结构最终的损伤程度。为了更好地分析型钢混凝土框架整体的损伤演化规律，对框架的组成部分框架柱、框架梁的损伤演化规律研究显得更加关键。通过对框架柱和框架梁的数值模拟损伤指数计算结果可知，框架每层两个边柱的损伤指数相同，每层两个梁的损伤指数相同，因此相同的损伤演化曲线未绘入图 2-26。

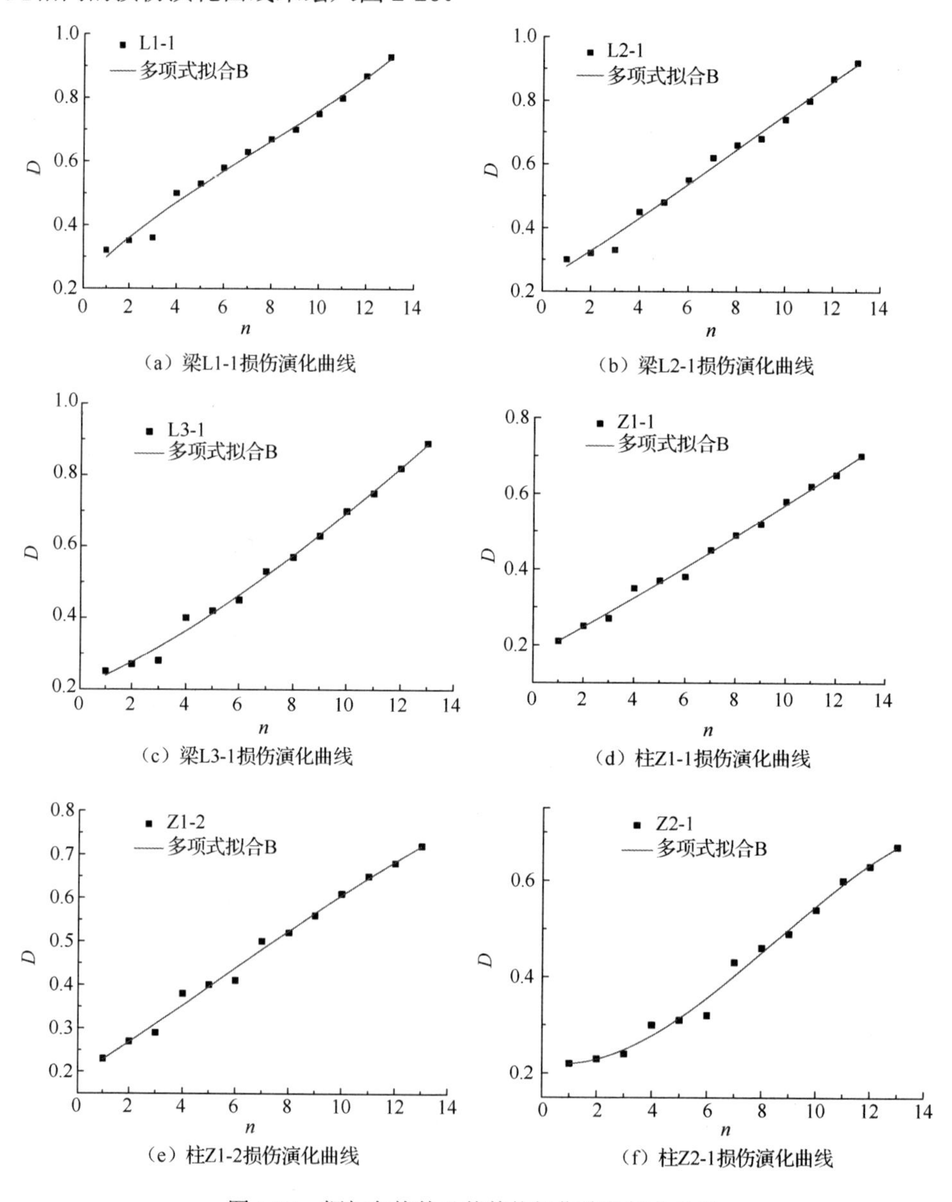

（a）梁L1-1损伤演化曲线

（b）梁L2-1损伤演化曲线

（c）梁L3-1损伤演化曲线

（d）柱Z1-1损伤演化曲线

（e）柱Z1-2损伤演化曲线

（f）柱Z2-1损伤演化曲线

图 2-26　框架各构件及其整体损伤演化拟合曲线

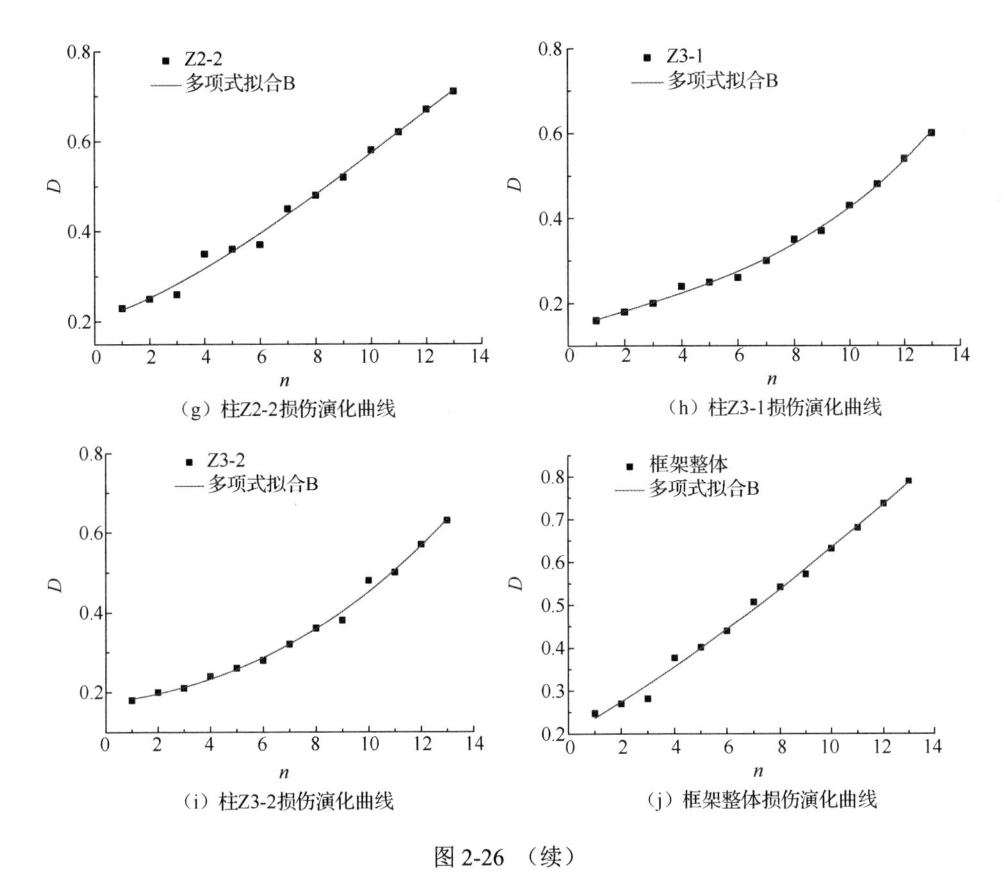

(g) 柱Z2-2损伤演化曲线

(h) 柱Z3-1损伤演化曲线

(i) 柱Z3-2损伤演化曲线

(j) 框架整体损伤演化曲线

图 2-26 (续)

由图 2-26 可以看出，所有框架柱和框架梁的损伤演化曲线的整体走势基本相同；同一时刻框架梁的损伤指数比框架柱大，这是由于型钢混凝土框架结构是强柱弱梁型，这与试验过程中梁的损伤发展比柱的损伤发展快相符；同一时刻底层构件损伤指数比上层构件损伤指数大，与试验中底层破坏比其他层严重的现象相符；梁的损伤演化曲线分布相对密集，这是因为在荷载作用下，梁所承受的弯矩分配相差不是很大，而柱由于轴压比不同，所分配的弯矩相差比较大，所以柱的损伤演化曲线相对分散。

2.4.3.2　型钢混凝土框架结构损伤演化数值模拟结果分析

型钢混凝土框架各构件及其整体损伤演化曲线对比，如图 2-27 所示。由图 2-27 可以看出，在同一循环荷载作用下框架柱的损伤指数比框架梁的损伤指数要小，这是由于本次框架是强柱弱梁型，梁先于柱破坏，当框架破坏时梁构件比柱构件破坏严重很多；经历相同循环后，底层构件的损伤指数要比其他两层的损伤指数要大，并且每层中柱的损伤要比边柱的损伤严重，说明框架在荷载作用下下层的损伤比上层的损伤严重，且轴力对框架柱的破坏有影响，轴力大的框架柱比轴力小的框架柱损伤严重。

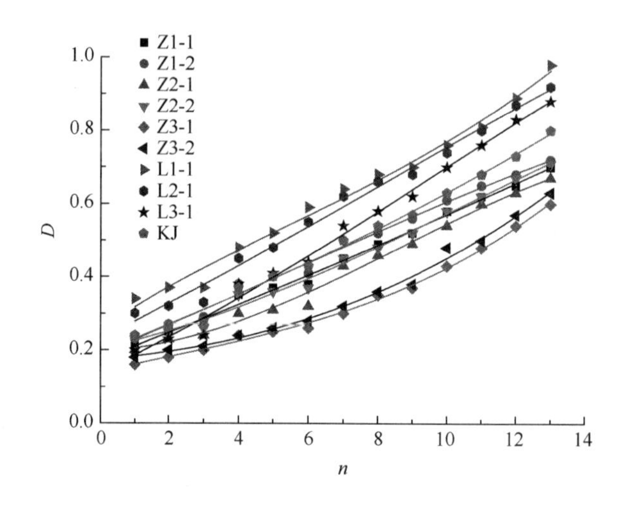

图 2-27　型钢混凝土框架各构件及其整体损伤演化曲线对比

从图 2-27 中看出，梁的损伤变化率要比柱的变化率快，说明在荷载作用下，框架结构中梁要比柱先破坏；框架的损伤是一个逐渐累积增长过程，随着位移幅值的增大和循环次数的增多，构件的损伤不断增大直至破坏；同一位移幅值下，循环增加损伤也有所增加，说明损伤的累积对结构的破坏也有很大影响。通过图 2-27 可以看出，框架整体的损伤演化曲线与底层柱的损伤演化曲线走势相似，因为在地震作用下框架柱的破坏是导致整个结构倒塌的主要原因，所以型钢混凝土框架结构的整体损伤演化规律与框架柱的损伤演化规律较为相似。

结构在地震后损伤状态的确定，对震后建筑物的损伤程度以及能否继续使用非常重要，可根据建筑物对应的损伤状态合理地对结构进行震后评估，并为加固处理提供依据。

目前，国内对型钢混凝土结构损伤状态没有统一的划分方法，本节利用试验和数值模拟对型钢混凝土框架结构进行损伤研究，给出型钢混凝土框架结构损伤状态描述及对应的损伤指数范围，希望后续对型钢混凝土结构的研究提供参考。通过试验研究和数值模拟，得到型钢混凝土框架结构在低周反复荷载作用下的损伤过程及观察到的试验现象，并将试验结果和模拟结果以具体的数值指标来表达。结合已有的钢筋混凝土构件的损伤评判标准，量化分析型钢混凝土框架结构损伤程度，对结构可能出现的五种破坏“基本完好，轻微损坏，中等破坏，严重破坏，倒塌”进行定量划分，具体见表 2-14。

表 2-14　型钢混凝土框架结构损伤状态及相应的损伤指数范围

破坏程度	损伤状态描述	易修复程度	损伤指数范围
基本完好	只有底层框架梁出现不明显的微裂缝，框架整体基本无损伤，框架整体处于弹性工作阶段	不需要修复	0～0.2
轻微损坏	底层梁端出现较多微裂缝，裂缝在卸载时可以闭合，此时部分受拉钢筋和型钢翼缘屈服，可近似认为框架整体处于弹性工作阶段	简单修复	0.2～0.4
中等破坏	裂缝变宽增多，原有裂缝继续发展并贯通，二、三层梁柱节点处现大量裂缝，底层梁端有混凝土脱落现象，底层柱也出现横向贯通裂缝并且在卸载时不能闭合，承载力达到最大值，框架整体进入弹塑性工作阶段	可以修复	0.4～0.6
严重破坏	梁端混凝土保护层出现大面积压酥、脱落，节点处的柱上也出现混凝土脱落，底层柱端混凝土压碎脱落，部分箍筋和纵筋外露，框架内置型钢基本都屈服，框架整体承载力下降严重，框架基本处于塑性工作阶段	不可修复	0.6～0.9
倒塌	框架柱端完全破坏，框架整体失去承载能力	无法修复	0.9～1.0

参 考 文 献

[1] 李俊华，薛建阳，等. 低周反复荷载下型钢高强混凝土柱受力性能试验研究[J]. 土木工程学报，2007，40(7): 11-18.

[2] TAKEDA T, SOZEN M A, NIELSEN N N. Reinforced concrete response to simulated earthquake[J]. Journal of Structural Division, 1970, 96(12): 2557-2573.

[3] PARK Y J, ANG A H-S. Mechanistic seismic damage model for reinforced concrete[J]. Journal of Structural Engineering, 1985, 111: 722-739.

[4] 王斌. 型钢高强高性能混凝土构件及其框架结构的地震损伤研究[D]. 西安：西安建筑科技大学, 2010.

[5] 刁波，李淑春，叶英华. 反复荷载作用下混凝土异形柱结构累积损伤分析及试验研究[J]. 建筑结构学报，2008，29(1): 57-63.

[6] 庄茁. ABAQUS 非线性有限元分析与实例[M]. 北京：科学出版社, 2005.

[7] 徐珂. ABAQUS 建筑结构分析应用[M]. 北京：中国建筑工业出版社, 2013.

[8] 王玉镯. ABAQUS 结构工程分析及实例详解[M]. 北京：中国建筑工业出版社, 2010.

[9] YANG J H, SUN R L, YANG Z H, et al. Constitutive relations of concrete under plane stresses based on generalized octahedral theory[J]. Applied Mechanics and Materials, 2011(71-78):342-352.

[10] ZHENG S S, TAO Q L, LIU B, et al. Study on stochastic damage constitutive relation for HSHPC material subjected to uniaxial tension stress[J]. Advanced Materials Research, 2012(374-377):2570-2573.

[11] PIETRUSZCZAK S, HAGHIGHAT E. Modeling of fracture propagation in concrete structures using a constitutive relation with embedded discontinuity[J]. Studia Geotechnica et Mechanica,2014,36(4):27-33.

[12] LUIGI CEDOLIN, MARIA G MULAS. Biaxial stress-strain relation for concrete[J]. Journal of Engineering Mechanics, 1984, 110(2):187-206.

[13] GULKAN P, SOZEN M A. Inelastic responses of reinforced concrete structure to earthquake motions[J]. Journal of the American Concrete Inst, 1974, 71(12):604-610.

[14] BANON H, BIGGER J M, Irvine H M. Seismic damage in reinforced concrete frames[J]. Journal of Structural Division, ASCE, 1981, 107(9):125-143.

[15] 董宝, 沈祖炎. 空间钢构件考虑损伤累积效应的恢复力模型及试验验证[J]. 上海力学, 1999,20(4): 341-347.

[16] SAMEH S F, MEHANNY, GREGORYG DEIERLEIN. Seismic damage and collapse assessment of composite moment frames[J]. ASCE, 2001, 127(9):1045-1053.

[17] KUMAR S, USAMI T. A note on evaluation of damage in steel structures under cyclic loadings[J]. Journal of Structural Engineering, ASCE, 1994, 40(1): 177-188.

[18] BANON H, BIGGS J M, IRVINE H M. Seismic damage in reinforced concrete frames[J]. Journal of Structural Engineering. 1981, 107(9): 1713-1792.

[19] 李军旗, 赵世春. 钢筋混凝土构件损伤模型[J]. 兰州铁道学院学报, 2000,19(3): 25-27.

[20] 江近仁, 孙景江. 砖结构的地震破坏模型[J]. 地震工程与工程振动, 1987,7(1): 20-34.

[21] 欧进萍, 何政, 吴斌, 等. 钢筋混凝土结构的地震损伤控制设计[J]. 建筑结构学报, 2000,21(1): 63-70, 76.

[22] 牛荻涛, 任利杰. 改进的钢筋混凝土结构双参数地震破坏模型[J]. 地震工程与工程振动, 1996,16(4): 44-54.

[23] 吕大刚, 王光远. 基于损伤性能的抗震结构最优设防水准的决策方法[J]. 土木工程学报, 2001,34(1): 44-49.

[24] 杜修力, 欧进萍. 建筑结构地震破坏评估模型[J]. 世界地震工程, 1991, 7(3): 52-58.

[25] 吴波, 李惠, 李玉华. 结构损伤分析的力学方法[J]. 地震工程与工程振动, 1997, 17(1): 14-22.

[26] PARK Y-J, ANG A H-S, WEN Y K. Seismic damage analysis of reinforced concrete building[J]. Journal of Structural Engineering, ASCE, 1985, 111(4): 740-757.

[27] PARK Y-J, ANG A H-S. Mechanistic seismic damage model for reinforced concrete[J]. Journal of Structural Engineering, ASCE, 1985, 111(4): 722-739.

[28] 郑山锁, 侯丕吉, 张宏仁, 等. SRHSHPC 框架结构地震损伤试验研究[J]. 工程力学, 2012,29(7): 84-92.

[29] 王东升, 冯启民, 王国新. 考虑低周疲劳寿命的改进 Park-Ang 地震损伤模型[J]. 土木工程学报. 2004, 37(11): 41-49.

3　不同材料加固震损型钢混凝土构件抗震性能

3.1　碳纤维布加固震损型钢混凝土框架柱抗震性能试验

3.1.1　试验概况

3.1.1.1　试件设计与材料力学性能

试验选取平面框架底层柱为研究对象。基于现行设计规范[1]，设计并制作了 4 根型钢混凝土框架柱模型。柱截面尺寸 200mm×270mm，纵筋采用 HRB400 热轧带肋钢筋，截面配筋率 1.6%；箍筋采用 HPB300，配箍率 0.68%；内置型钢选用 I16，钢材为 Q235B 级钢，含钢率 4.84%。试件几何尺寸和配钢设计如图 3-1 所示。钢材力学性能实测值见表 3-1。试件采用 C40 商品混凝土，同批次浇筑，实测混凝土立方体平均抗压强度为 39.6N/mm^2，混凝土保护层厚度为 25mm。加固用碳纤维布（CJ300-Ⅰ）抗拉强度 3560MPa，弹性模量为 2.5×10^5MPa，计算厚度 0.111mm，伸长率为 1.7%。纤维复合材料浸渍黏结用胶抗拉强度为 42MPa，弹性模量为 2476MPa，伸长率为 1.6%。裂缝修复胶抗拉强度为 30MPa，弹性模量为 1563MPa，伸长率为 1.8%。

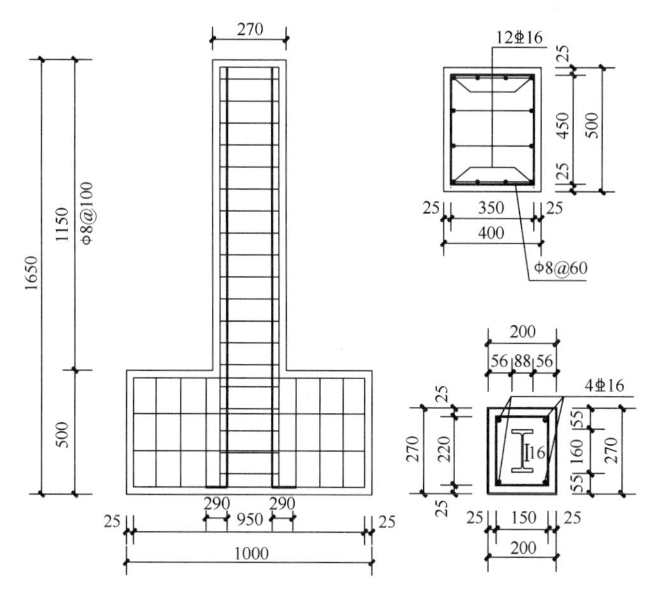

图 3-1　试件几何尺寸和配钢设计（尺寸单位：mm）

表 3-1　钢材力学性能实测值

钢材型号	屈服强度 f_y/MPa	极限强度 f_u/MPa	弹性模量 E_s/GPa
型钢	264.5	405.8	2.01×10^5
纵向钢筋	375.7	515.6	2.05×10^5
箍筋	312.4	443.1	2.10×10^5

3.1.1.2　加载制度和装置

试件地梁采用高强螺栓与地面刚性锚固。柱端竖向荷载施加以及水平荷载加载制度详见 2.1.1.1 节。为了更好地观察试验破坏过程，加载到试件变形过大而无法继续加载时终止加载[2]。试验加载装置如图 3-2 所示。

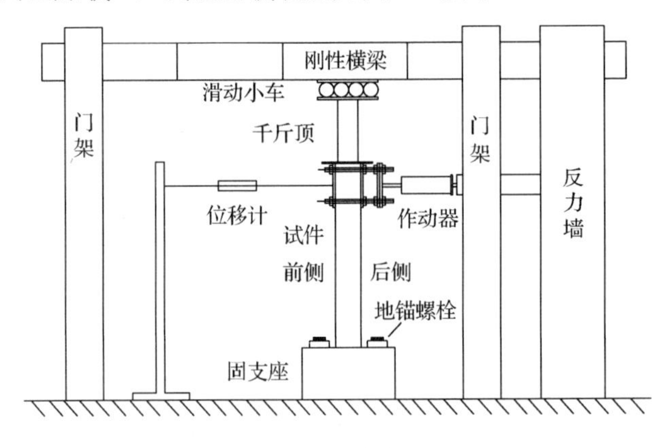

图 3-2　试验加载装置

3.1.1.3　试件预损和加固方法

试验设计并制作 4 根试件。试件 SRCX-0 为原型对比试件，没有加固直接加载至破坏；试件 SRCX-1 为未损加固试件（没有预损），采用碳纤维布加固后加载至破坏；试件 SRCX-2 和试件 SRCX-3 分别受到不同损伤（模拟中震和大震），采用碳纤维布加固后加载至破坏。试件加固参数见表 3-2。

表 3-2　试件加固参数

试件编号	试验轴压比（轴力）	预损位移角（位移）	受损程度
SRCX-0	0.32（500kN）	—	原型对比柱
SRCX-1	0.32（500 kN）	—	未损加固柱
SRCX-2	0.32（500 kN）	1/100（9mm）	中度震损柱
SRCX-3	0.32（500 kN）	1/50（18mm）	重度震损柱

试验测量内容：每级循环加载柱端水平荷载和水平位移、荷载-位移滞回曲线、

钢筋和钢材应变。滞回曲线由 DH3816 静态应变仪采集，全程由伺服控制器及微机控制。钢筋和型钢测点布置如图 3-3 所示。碳纤维布应变片布置如图 3-4 所示。

试件加固按照《碳纤维布片材加固修复混凝土结构技术规程》(CECS146：2003)[3]要求进行设计，为防止试验时塑性铰发生转移，加固区高度应大于柱端塑性铰区域。本试验采用从柱底端向上 500mm 高度内环向包裹两层碳纤维布，每层碳纤维布粘贴时搭接长度 150mm，碳纤维布加固柱如图 3-5 所示。

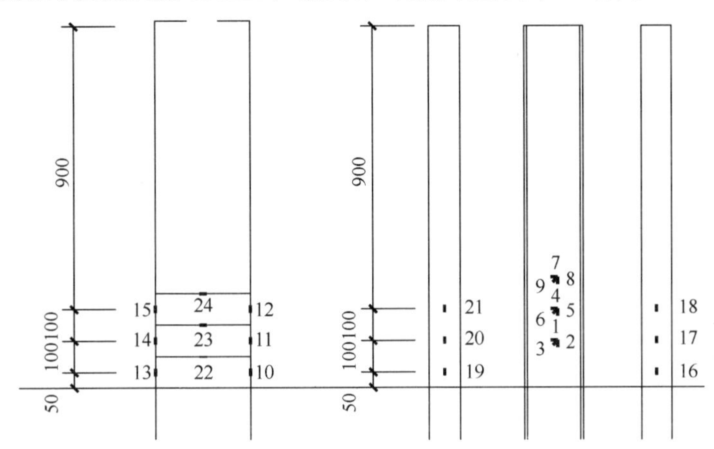

图 3-3　钢筋和型钢测点布置（尺寸单位：mm）

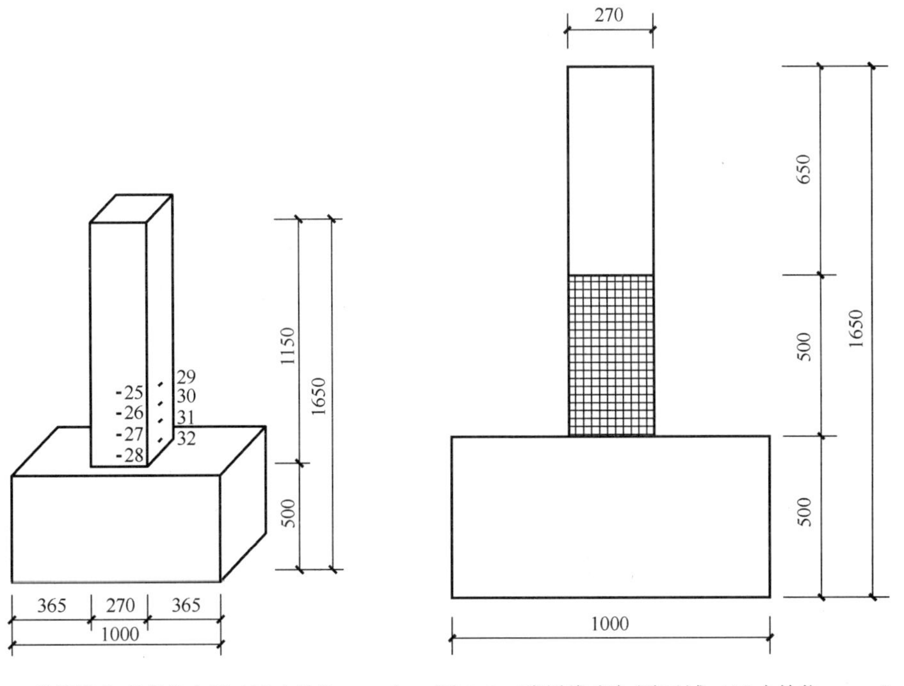

图 3-4　碳纤维布应变片布置（尺寸单位：mm）　图 3-5　碳纤维布加固区域（尺寸单位：mm）

试件加固前，对混凝土表面进行打磨[4]，直至露出骨料，并做倒角处理，倒角半径 20mm。粘贴碳纤维布前，清理混凝土表面，使用裂缝修复胶灌注裂缝，除去所有松散混凝土后涂刷纤维浸渍胶，每层碳纤维布之间涂胶，加固完成后等待其完全固化，时间为 1 周。

3.1.2　试验过程及破坏形态

试件 SRCX-0（原型对比柱）无损伤无加固，水平加载至破坏。位移 ±9mm 循环加载过程中，试件处于弹性变形阶段，无明显变化特征；位移 ±18mm 第一个循环加载过程中，位移-12mm 时，柱根部出现水平细微裂缝，当试件反向加载，裂缝闭合不可见；位移 ±18mm 第二个循环加载过程中，位移+16mm 时，沿柱高方向出现新的水平裂缝和竖向裂缝，原有水平裂缝仍在不断延伸，由于受到剪切作用，部分水平裂缝发展成斜裂缝，但斜裂缝发展较缓；位移 ±27mm 第二个循环加载过程中，位移-24mm 时，水平裂缝继续发展且宽度变大，柱角有少许混凝土剥落；位移 ±36mm 第一个循环加载过程中，位移-36mm 时，柱端中部有少许混凝土剥落，竖向裂缝向上延伸，裂缝宽度增大，受拉侧横向裂缝逐渐向柱中发展；位移 ±45mm 循环加载过程中，横向裂缝继续发展成斜裂缝，宽度不大且未相交，位移-48mm 时，柱根部水平裂缝逐渐贯通，四边角混凝土开始脱落，随着往复荷载作用的继续，裂缝截面的纵筋、型钢拉压翼缘和大部分腹板屈服，最后柱根部受压区混凝土被压碎并大面积脱落，柱根部纵筋和箍筋裸露可见，柱纵筋压曲，承载力下降，终止试验。试件破坏现象如图 3-6（a）所示。

试件 SRCX-1（未损加固柱）采用碳纤维布加固后水平加载至破坏。位移 ±9mm 循环加载过程中，碳纤维布无明显变化，薄弱部位胶体有碎裂声；位移 ±18mm 第一个循环加载过程中，位移+16mm 时，碳纤维布发出清脆的脆裂声；位移 ±27mm 循环加载过程中，柱底端前后侧均出现水平裂缝；位移 ±36mm 第一个循环加载过程中，位移-28mm 时，柱后碳纤维布裂缝上方出现新的水平裂缝，柱底两侧碳纤维布出现水平裂缝，宽度不大，原柱前后侧水平裂缝继续发展；位移 ±45mm 第二个循环加载过程中，位移-42mm 时，原裂缝继续向两端发展，柱角碳纤维布被拉裂，形成贯通裂缝；位移 ±54mm 第一个循环加载过程中，位移-48mm 时，柱角混凝土在弯矩和剪力的作用下被压碎，碳纤维布表面出现鼓曲，褶皱明显，贯通缝宽度变大，裂缝数量增多；位移 ±63mm 第一个循环加载过程中，位移-59mm 时，柱角鼓曲更加明显，其余柱角也出现弯剪破坏，受压区碳纤维布裂缝宽度继续增大，和两侧裂缝形成三面贯通缝，且出现明显鼓曲，受拉侧柱端通过裂缝肉眼可见内部混凝土，柱角碳纤维布被拉断，水平荷载下降至极限荷载 85%以下终止试验。试件破坏现象如图 3-6（b）所示。

试件 SRCX-2（中度震损柱）预损 9mm 卸载，采用碳纤维布加固修复后水平加载至破坏。位移 ±9mm 循环加载过程中，碳纤维布无明显变化，薄弱部位胶体有零星碎裂声；位移 ±18mm 第一个循环加载过程中，位移-15mm 时，碳纤维布受拉发出脆裂声，柱端前后面和柱角碳纤维布出现水平裂缝，宽度不大；位移 ±27mm 循环加载过程中，柱端前后侧原水平裂缝上方出现多条新的水平裂缝，柱角裂缝增大；位移 ±36mm 第一个循环加载过程中，位移-32mm 时，柱前后侧碳纤维布裂缝长度和宽度增大，向两边延伸，与柱角裂缝形成水平贯通缝；位移 ±45mm 第一个循环加载过程中，位移+40mm 时，柱前后侧裂缝宽度继续增大，并伴随着碳纤维布拉裂声，柱角和柱前后侧内部混凝土被压碎，受压区碳纤维布出现鼓曲；位移 ±63mm 第一个循环加载过程中，位移-59mm 时，碳纤维布鼓曲更明显，出现弯曲破坏，原有裂缝宽度增大到肉眼可见内部混凝土，柱角碳纤维布有被拉断趋势，承载力下降至极限荷载 85%以下终止加载。试件破坏现象如图 3-6（c）所示。

试件 SRCX-3 预损（重度震损柱）预损 18mm 卸载，采用碳纤维布加固修复后加载至破坏。位移 ±9mm 循环加载过程中，碳纤维布无明显变化，薄弱部位胶体有零星碎裂声；位移 ±18mm 第一个循环加载过程中，位移-18mm 时，柱前后面碳纤维布出现水平裂缝，伴随清脆拉裂声；位移 ±27mm 第二个循环加载过程中，位移-25mm 时，柱端前后侧原水平裂缝上方出现多条新的水平裂缝，原水平裂缝缓慢向两边发展，柱角碳纤维布拉裂出现裂缝，宽度很小；位移 ±36mm 循环加载过程中，柱前后侧碳纤维布裂缝往两边延伸发展，与柱角裂缝形成水平贯通缝；位移 ±45mm 第一个循环加载过程中，位移-40mm 时，柱前后侧和柱角裂缝同时发展，形成贯通缝，裂缝宽度增大，受压区混凝土被压碎，碳纤维布出现鼓曲，柱前后侧裂缝增大，裂缝数量增多；位移 ±54mm 第一个循环加载过程中，位移+50mm 时，试件受到弯剪作用碳纤维布鼓曲更明显，柱前后侧裂缝宽度增大，可肉眼看见内部混凝土，随着荷载继续施加，柱角碳纤维布鼓曲明显，承载力下降，试件破坏。试件破坏现象如图 3-6（d）所示。

试件在压、弯、剪复合受力下均表现为弯曲破坏，满足“强剪弱弯”的抗震设防要求，表明碳纤维布加固震损型钢混凝土框架柱方法的可行性。未加固试件 SRCX-0 和加固试件 SRCX-1～SRCX-3 在破坏形态上有一定差异，未加固试件 SRCX-0 在破坏时，柱底端混凝土大面积压溃剥落，破坏时侧向变形很小；经碳纤维布加固后，试件 SRCX-1～SRCX-3 破坏时在靠近柱底端的碳纤维布表面外鼓，且发生明显弯曲，侧向变形较大，说明加载后期碳纤维布对内部核心混凝土的约束较强，试件变形能力较好。试件 SRCX-1～SRCX-3 在破坏时加载面鼓曲程度较大，两侧鼓曲程度较轻微，说明碳纤维布加固能充分发挥柱的剪切弹塑性变形能力，经碳纤维布加固后，柱抗弯能力和抗剪能力都有所提高。试验结束后，碳纤维布加固柱的柱身仍完好，未见大块混凝土脱落，表明碳纤维布加固提高了框架柱的抗倒塌性能。

（a）SRCX-0 混凝土剥落

（b）SRCX -1 碳纤维布鼓曲

（c）SRCX -2 碳纤维布鼓曲

（d）SRCX -3 碳纤维布鼓曲

图 3-6　试件破坏现象

3.1.3　试验结果及分析

3.1.3.1　滞回曲线

试件 SRCX0～SRCX-3 实测的滞回曲线如图 3-7 所示。由图 3-7 可以看出：

（1）各试件的共同滞回特性：加载初期，曲线斜率基本不变，循环加载一次形成的滞回环面积较小，卸载时刚度基本不退化，残余应变较小，表明混凝土尚未开裂，与型钢协同良好，试件基本处于弹性工作阶段；随着位移的增大，试件进入弹塑性工作阶段，滞回曲线斜率随着水平位移的增大而减小，荷载与位移不再呈线性变化，卸载后存在较大残余变形。随着循环次数的增加，在同一级位移控制加载阶段的三次循环中，后次加载曲线的斜率和峰值荷载整体小于前一次曲线，承载力和刚度退化均表现退化显著，这是由于型钢外围保护层混凝土不断开裂，并与型钢之间发生相对黏结滑移，型钢截面逐步屈服所致。随着水平加载位移继续增大，滞回曲线逐渐向水平轴倾斜，滞回环所包面积增大，试件进入塑性发展阶段，位移明显滞后，变形恢复较小。

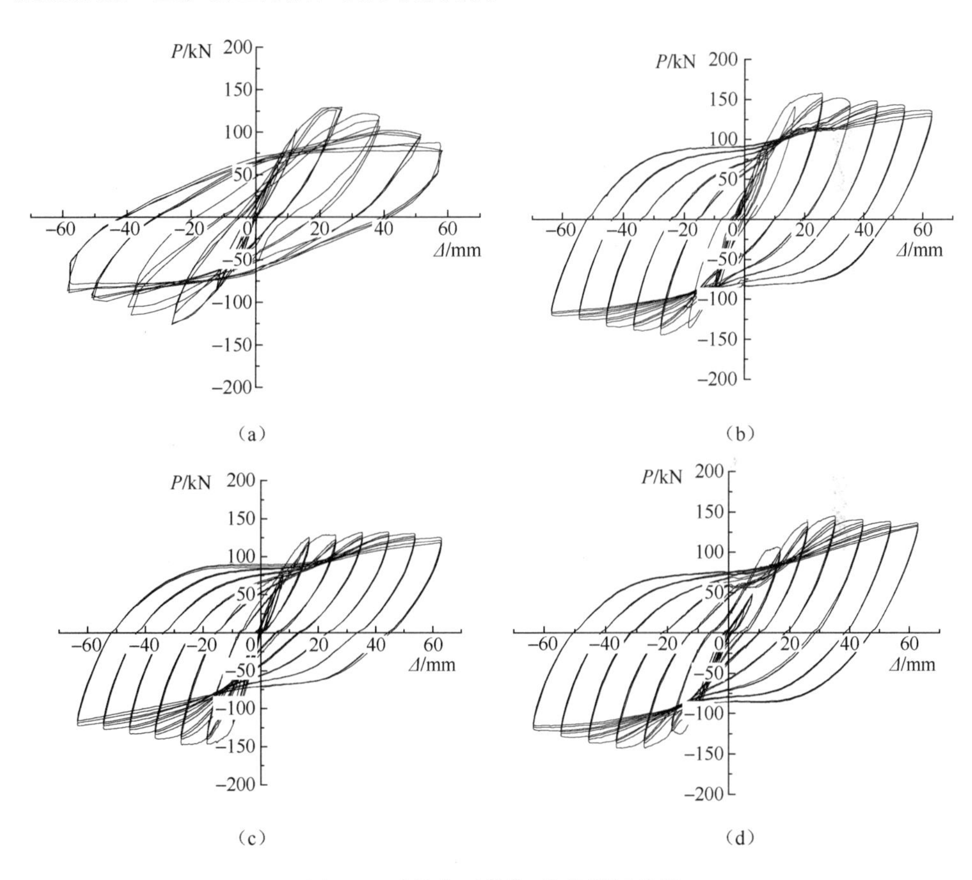

图 3-7 试件水平荷载-位移滞回曲线

（2）与未加固试件 SRCX-0 相比，经碳纤维布加固试件 SRCX-1、试件 SRCX-2 和试件 SRCX-3 承载力均有一定的提高，达到峰值荷载后，同级加载位移幅值下，承载力出现不同程度下降。由于碳纤维布与混凝土之间有一定滑移，以及预损后混凝土被不同程度压碎，型钢与混凝土之间也存在滑移，并且存在较大残余应变，所以各加固试件滞回曲线均有不同程度捏缩现象，但是各加固试件的破坏位移都一定提高，说明碳纤维布加固型钢混凝土柱可以提高试件延性。试件 SRCX-3 相对于试件 SRCX-0 虽然破坏位移提高不明显，但是滞回曲线总体来说还比较饱满，滞回面积有所提高，说明损伤在一定范围内，震损严重试件经碳纤维布加固后其抗震性能仍能得到恢复。

3.1.3.2　骨架曲线

各试件骨架曲线如图 3-8 所示。试件受力过程可分为弹性、弹塑性、型钢屈服和破坏四个阶段。由图 3-8 可以看出以下几点。

（1）加固试件 SRCX-1～SRCX-3 承载力均比未加固试件 SRCX-0 有一定程度提高，提高程度和预损程度有关。预损程度越小，提高程度越大。从加固效果来看，未预损试件加固效果最好。

（2）正向加载骨架曲线和反向加载骨架曲线并非完全对称。从整体来看，正向骨架曲线对应的峰值荷载稍微高于反向骨架曲线对应的峰值荷载，这是因为正向循环加载完成后存在一定的残余变形，当反向加载时，需要抵消正向加载带来的残余变形，从而导致反向加载时的承载力较正向加载时的承载力略低。

（3）试件 SRCX-1～SRCX-3 骨架曲线有较长、较平缓的水平段，表明加固后试件能保持良好的塑性变形能力。

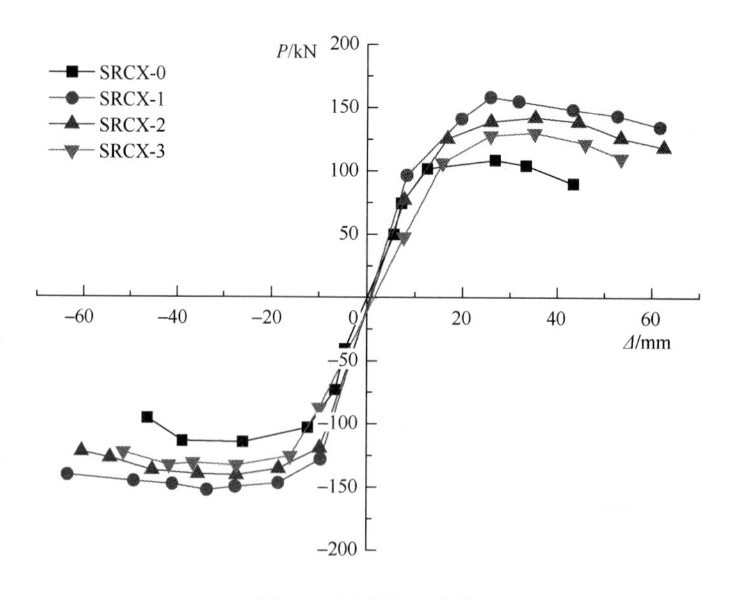

图 3-8　试件骨架曲线

3.1.3.3 加固试件抗震性能评价

试件延性及耗能指标见表 3-3。由表 3-3 可以看出，经碳纤维布加固试件的延性均得到提高，表现如下。

（1）未受损试件 SRCX-1 经碳纤维布加固其延性系数比未加固试件 SRCX-0 提高 30.30%，碳纤维布加固能有效提高试件的延性。

（2）试件 SRCX-2 和试件 SRCX-3 延性系数提高程度与预损程度成反比，试件损伤程度越小，延性系数μ提高越大，且二者延性系数均小于未受损加固试件 SRCX-1，说明损伤程度影响延性系数提高。

（3）受损试件 SRCX-2 和试件 SRCX-3 经碳纤维布加固后其延性系数均大于未加固试件 SRCX-0，说明碳纤维加固方法能有效恢复受损试件的延性。

（4）试件的滞回曲线越饱满，其耗能能力越强。相比未加固试件 SRCX-0，加固试件 SRCX-1～SRCX-3 耗能能力 E_p 均有一定提高，其中试件 SRCX-1 提高最多；试件 SRCX-3 重度预损后加固，其耗能能力 E_p 恢复并超越未加固试件 SRCX-0。

表 3-3 试件延性及耗能指标

试件编号	屈服侧移Δ_y/mm	极限侧移Δ_u/mm	延性系数 μ	μ提高率/%	耗能能力 E_P/（kN·mm）	E_P 提高率/%
SRCX-0	14.03	46.25	3.30	—	82 389.96	—
SRCX-1	15.31	61.65	4.03	30.30	181 293.08	120.04
SRCX-2	15.24	60.41	3.96	20.00	154 353.73	87.35
SRCX-3	14.96	53.45	3.57	8.18	107 260.63	30.19

由表 3-4 可以看出，经碳纤维布加固后，试件最大承载力 P_{max} 有一定提高，最大提高率为 23.22%，试件受损越小，承载力提高越多；极限位移Δ_{max}也有很大提高，最大提高率为 44.14%，表明碳纤维布加固能有效提高试件的延性性能。对重度受损试件进行加固，其极限位移尚能恢复到未加固试件 SRCX-0 水平甚至超越。

表 3-4 试件 P_{max} 与Δ_{max}对比

试件编号	加载方向	最大承载力 P_{max}/kN	P_{max} 提高率/%	极限位移 Δ_{max}/mm	Δ_{max} 提高率/%
SRCX-0	正向	128.50	—	43.34	—
	负向	124.64	—	46.25	—

续表

试件编号	加载方向	最大承载力 P_{max}/kN	P_{max}提高率/%	极限位移 Δ_{max}/mm	Δ_{max}提高率/%
SRCX-1	正向	158.34	23.22	61.65	42.25
	负向	152.36	22.24	63.43	37.14
SRCX-2	正向	142.10	10.58	62.47	44.14
	负向	140.55	12.76	60.41	30.62
SRCX-3	正向	130.10	1.24	53.45	23.33
	负向	132.82	6.60	51.33	11.00

3.1.3.4　承载力和刚度退化规律

为了反映试件的承载力退化情况，引用承载力退化系数λ_i来描述[2]。λ_i为各级控制加载位移下第三次循环中峰值荷载与第一次循环峰值荷载的比值。各试件承载力退化规律如图 3-9 所示。

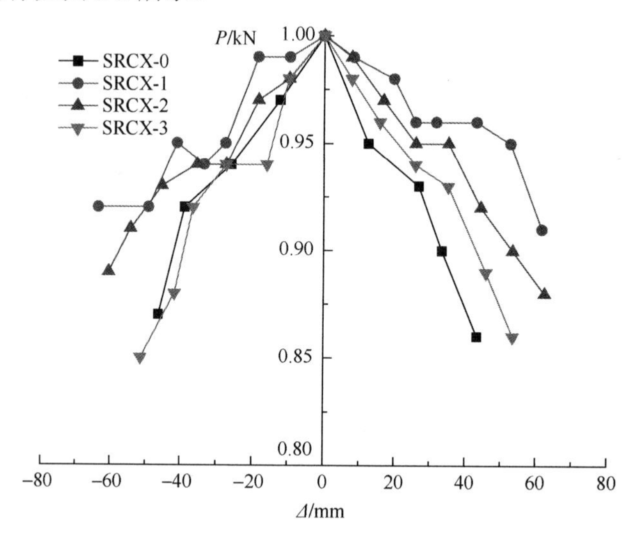

图 3-9　承载力退化曲线

由图 3-9 可以看出：①随着加载位移的增大，试件承载力整体呈下降趋势，是因为在加载过程中柱累积损伤导致，主要表现在柱根部塑性铰的发展，加固试件 SRCX-1～SRCX-3 承载力退化速率较对比试件 SRCX-0 缓慢，在受到地震作用时具有良好的持续承载能力，抗震能力增强；②加固试件承载力在退化过程中有起伏现象，这是由于碳纤维布加固属于被动约束，只有当试件出现较大变形时，碳纤维布才逐渐参与工作，发挥约束作用，有效地提高了试件的延性；③损伤越大，加固试件承载力退化速率越快，这是因为预损使试件内部混凝土产生裂缝，损伤得不到修复，且钢筋、型钢和混凝土之间黏结作用减弱。

试件整体刚度退化情况，引用割线刚度 K_i 来描述[2]。K_i 取同级加载位移下第一次循环的峰值荷载计算得出。由于试件在弹性阶段刚度退化不明显，故取弹性阶段后刚度为研究对象，刚度退化曲线如图 3-10 所示。

由图 3-10 可以看出：①各试件割线刚度都随着水平位移的增大而降低，退化开始时曲线斜率较陡，后来逐渐趋于平缓，且加固试件其刚度退化在一定程度上较未加固试件缓慢，表明碳纤维布加固能起到延缓结构刚度衰减的作用，提高试件的延性；②加固试件 SRCX-1～SRCX-3 较对比试件 SRCX-0 初始刚度有一定提高，提高程度和损伤程度有关，损伤越大，提高幅度越小。

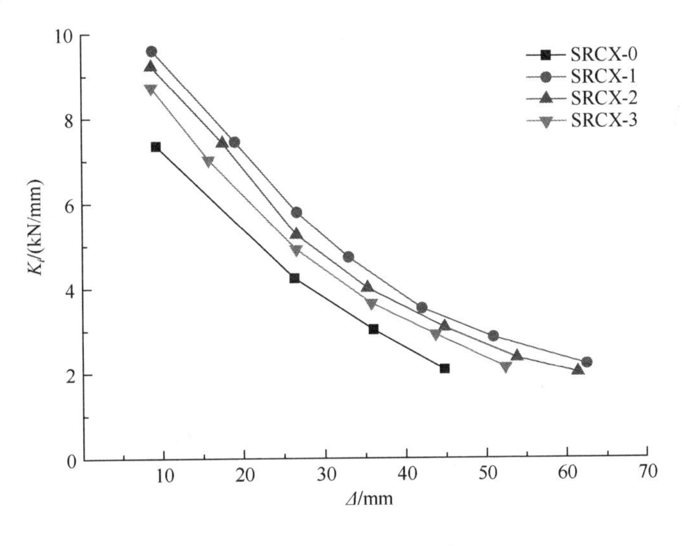

图 3-10　刚度退化曲线

3.2　外包钢加固震损型钢混凝土框架柱抗震性能试验

3.2.1　试验概况

3.2.1.1　试件设计与材料力学性能

依据《组合结构设计规范》(JGJ 138—2016)[1]设计并制作了 4 根型钢混凝土框架柱模型，柱截面尺寸为 200mm×270mm。纵筋采用 HRB335 热轧带肋钢筋，截面配筋率为 1.60%；箍筋采用 HPB300 钢筋，配箍率为 0.68%；内置型钢选用 I16，采用 Q235B 钢，含钢率为 4.84%。试件几何尺寸与配钢设计如图 3-11 所示。钢材力学性能实测值见表 3-5。试件选用 C40 商品混凝土，4 根框架柱同批次浇筑，实测混凝土立方体平均抗压强度为 38.8N/mm^2。

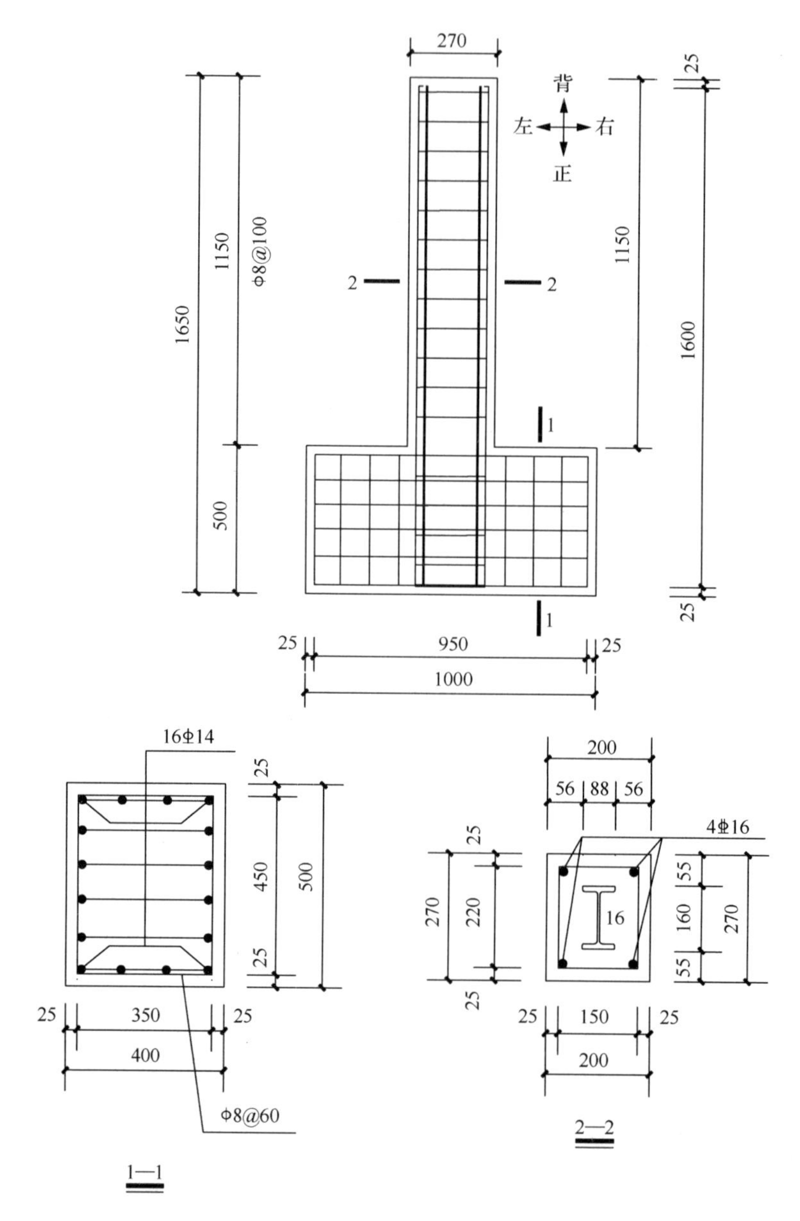

图 3-11　试件几何尺寸和配钢设计（尺寸单位：mm）

表 3-5　材料力学性能

钢材	屈服强度 f_y /MPa	抗拉强度 f_u /MPa	弹性模量 E_s/MPa
型钢 Q235B	264.5	405.8	2.01×10^5
纵筋 HRB335	375.7	515.6	2.05×10^5
箍筋 HPB300	312.4	443.1	2.1×10^5

3.2.1.2　试验装置和加载制度

加载方式选用：竖向荷载加载至试件预定荷载500kN并保持不变，由电液伺服作动器按照预定的加载制度在指定加载点施加水平荷载。试件地梁处设置水平反力支撑，限制地梁的水平位移，保证试验数据的精度。

加载制度选用：加载采用位移控制。加载初期，侧移率（Δ/L）×100%（其中Δ为柱顶端加载处水平位移；L为柱有效高度，L=900mm）为0.25%、0.50%、0.75%和1.00%，每级位移循环一次。当超过1.0%以后，每级位移峰值按侧移率1.0%逐级施加，每级位移循环三次，直至柱顶水平荷载降至极限荷载85%以下为破坏标准。试验加载装置和加载现场如图3-12所示。

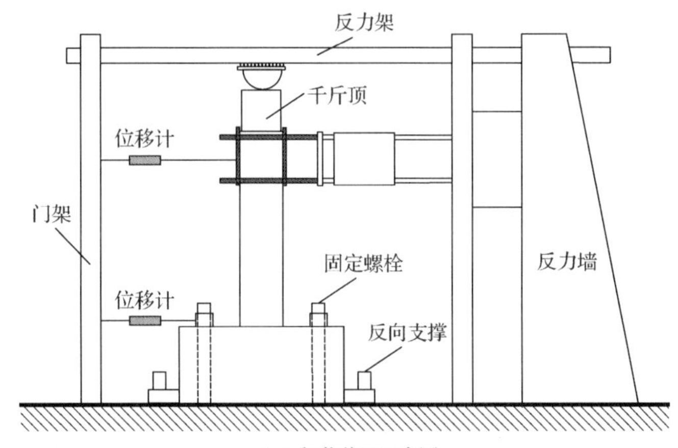

（a）加载装置示意图

（b）加载现场

图3-12　试验加载装置和加载现场

量测内容主要有柱加载点荷载-位移曲线、钢筋和钢材应变。荷载、位移和应变均由 LETRY 控制系统和数据采集仪自动采集。应变片测点布置如图 3-13 所示。

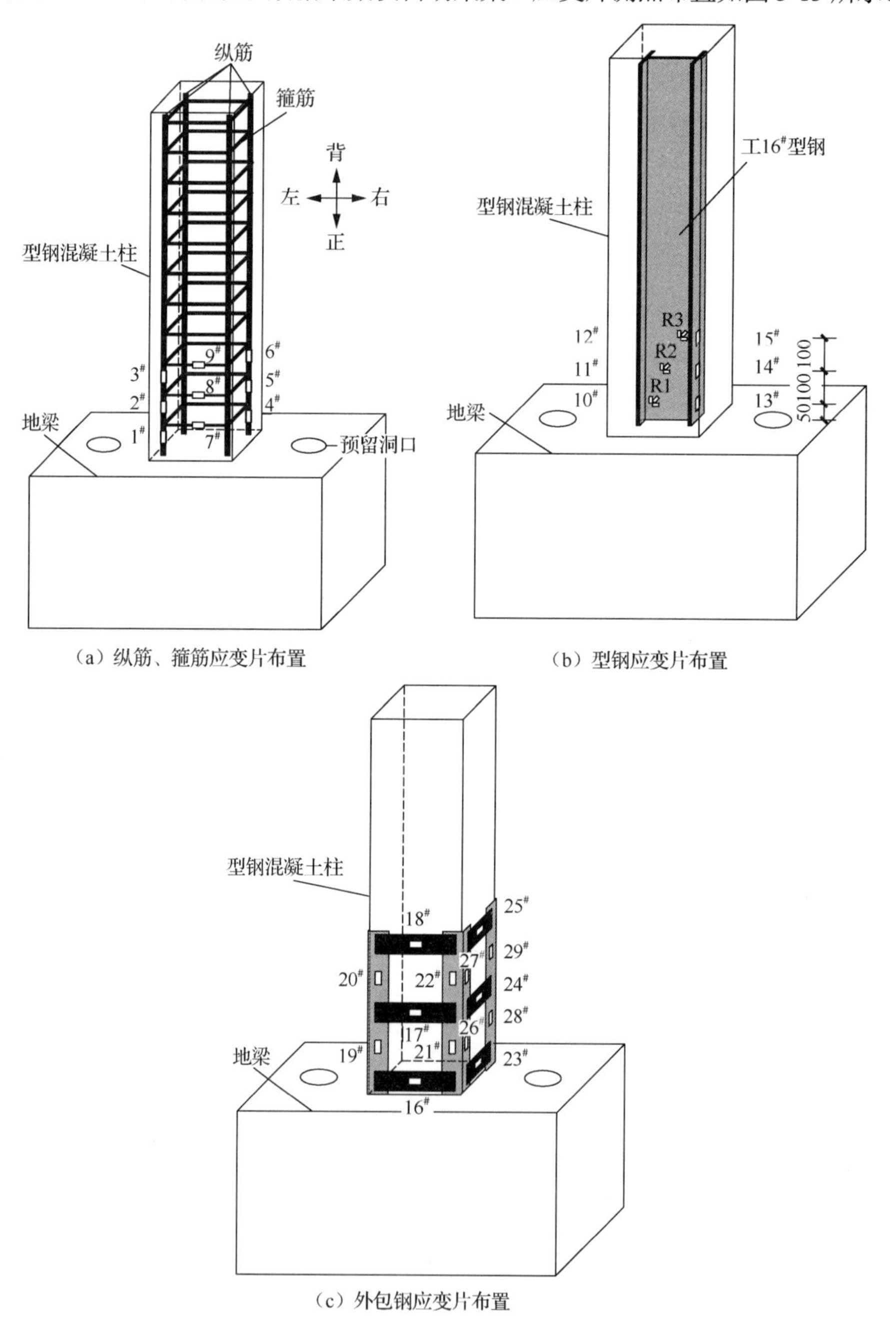

（a）纵筋、箍筋应变片布置

（b）型钢应变片布置

（c）外包钢应变片布置

图 3-13　应变片测点布置

3.2.1.3　试件预损和加固方法

试验设计并制作了 4 根试件。SRC-0 为对比试件，不经过预损以及加固，直接按指定加载位移级数加载至破坏；试件 WSRC-0 没有预损，采用外包钢加固后加载至破坏；试件 WSRC-1、试件 WSRC-2 分别施加 1/100、1/50 位移角预损，采用外包钢加固后，静置一周待胶黏剂完全凝结后加载至破坏。各试件加固参数见表 3-6。

表 3-6　试件加固参数

试件编号	试验轴压比（轴力）	预损位移角	震损程度
SRC-0	0.32（500kN）	—	原型对比试件
WSRC-0	0.32（500kN）	—	未损加固试件
WSRC-1	0.32（500kN）	1/100	中度震损试件
WSRC-2	0.32（500kN）	1/50	重度震损试件

根据《建筑抗震加固技术规程》（JGJ 116—2009）[5]，角钢选用 L63mm×4mm，缀板选用 240mm × 60mm × 4mm 以及 170mm × 60mm × 4mm。角钢、缀板和混凝土之间用粘钢胶填满，相邻缀板之间的间距为 150mm，加固高度为 500mm。试件加固区域如图 3-14 所示。

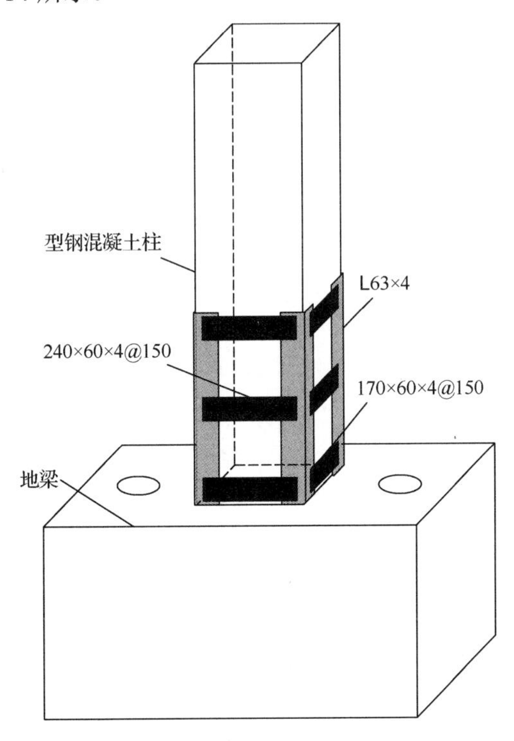

图 3-14　试件加固区域（尺寸单位：mm）

3.2.2 破坏过程描述

试验前，进行预加载，测试试验仪器工作正常后，再按指定加载制度正常加载。为与滞回曲线的正负循环相对应，试件受到拉力时规定为“+”，推力为“−”。

试件 SRC-0，原型对比试件。位移 ±18mm 第一个循环过程中，位移+16mm 时，$1^{\#}$应变片首先超过屈服应变，纵筋屈服，受拉侧混凝土表面出现横向裂缝，柱角处出现纵向裂缝，在随后的加载循环中，$4^{\#}$应变片超过屈服应变，混凝土裂缝愈合或再现，发展缓慢；位移 ±27mm 的第一个加载循环中，位移−23mm 时，$10^{\#}$应变片达到屈服应变，翼缘屈服，继续加载的过程中，裂缝逐渐增多，柱角竖向裂缝倾斜向柱中发展；位移 ±36mm 加载循环中，横、竖向裂缝宽度加大，持续朝柱中发展，形成贯通裂缝；位移 ±45mm 的第一个加载循环，柱角处混凝土开始剥落，承载力明显降低；位移 ±54mm 的第一个加载循环中，贯通裂缝宽度明显增大，柱角混凝土脱离主体，试件破坏。试验破坏现象如图 3-15（a）所示。

试件 WSRC-0，未损对比试件。位移 ±18mm 的第一个加载循环中，位移−17mm 时，$1^{\#}$应变片超过屈服应变，纵筋屈服，在第二个加载循环中 $4^{\#}$应变片达到屈服应变；位移 ±27mm 的第一个加载循环，位移−25mm 时，$10^{\#}$应变片超过屈服应变，翼缘屈服，继续加载，没有被外包钢包裹处混凝土出现横向裂缝；位移 ±36mm 加载循环中，在弯剪作用下裂缝数量增加，裂缝在推拉过程中开裂或闭合，柱底部的粘钢胶出现裂缝；位移 ±45mm 第三个循环，位移−40mm 时，柱底部粘钢胶裂缝宽度明显变大，并听到柱底部混凝土破碎的声音，横向裂缝相交形成贯通裂缝；位移 ±54mm 加载过程中，粘钢胶脱离柱底部，但承载力还能维持；位移 ±63mm 加载循环，位移−58mm 时，粘钢胶断裂，继续加载，敲击柱底部钢缀板，有空鼓声，外包钢与柱底部地梁脱离，承载力下降至 85%以下，试件破坏。试验破坏现象如图 3-15（b）所示。

试件 WSRC-1，中度损伤试件（1/100 位移角预损）。位移 ±18mm 第一个加载循环，位移+16mm 时，柱底部没有被外包钢包裹处混凝土出现裂缝，$1^{\#}$和 $4^{\#}$应变值溢出，纵筋屈服；位移 ±27mm 加载循环，裂缝继续发展，听到混凝土底部粘钢胶的脆裂声，$10^{\#}$应变片超过屈服应变，翼缘屈服；位移 ±36mm 的加载循环中，横向裂缝持续发展；位移 ±45mm 第一个加载循环，位移−38mm 时，柱底部粘钢胶裂缝宽度增大，随后的加载过程中，混凝土横向裂缝宽度加大，形成贯通裂缝；位移 ±54mm 加载循环中，粘钢胶断裂，外包钢和柱底脱离；位移 ±63mm 的第一个加载循环，位移−53mm 时，承载力达到极限荷载 85%以下，敲击柱底部钢缀板，有空鼓声，试件破坏。试验破坏现象如图 3-15（c）所示。

试件 WSRC-2，重度损伤试件（1/50 位移角预损）：位移 ±18mm 第一个加载循环，位移−16mm 时，柱底有粘钢胶脆裂声，$1^{\#}$、$4^{\#}$应变片先后达到屈服应变；

位移 ±27mm 循环过程，柱底部没有被外包钢包裹处出现少量混凝土横向裂缝；位移 ±36mm 第一个加载循环，10#应变溢出，裂缝数量增多，横向裂缝稍有倾斜向柱中发展；位移 ±45mm 加载循环，横向裂缝逐渐贯通，粘钢胶裂缝宽度加大，并伴有持续脆裂声；位移 ±54mm 第一个加载循环，位移-51mm 时，粘钢胶断裂，但承载力还能维持；位移 ±63mm 第一个加载循环，横向裂缝贯通，无法继续承载，试件破坏。试验破坏现象如图 3-15（d）所示。

4 个试件的试验破坏形态类似，在压、弯、剪复合受力作用下均表现为压弯破坏，满足“强剪弱弯”的抗震设防要求。

（a）SRC-0 试件贯通裂缝

（b）WSRC-0 柱底混凝土片状脱落

（c）WSRC-1 柱底混凝土破碎

（d）WSRC-2 柱底混凝土破碎

图 3-15 试件失效模式

3.2.3 试验数据及分析

3.2.3.1 滞回曲线和骨架曲线

试件 SRC-0 和试件 WSRC-0～WSRC2 实测的柱端水平荷载加载点处的荷载-

位移曲线如图 3-16 所示。由图 3-16 可知，各试件滞回曲线均具有以下特点：①水平加载位移加载到屈服位移之前，加载卸载曲线几乎成直线，滞回环并不明显；②达到屈服位移之后，在同一级加载循环中，后两次循环的峰值均小于第 1 次循环峰值，滞回环围成的面积也逐次循环减少，试件的刚度和耗能能力不断降低；③试件达到极限荷载后，随着加载位移增大，荷载逐渐降低，试件进入塑形发展阶段，同级加载中，后一次循环卸载曲线均比前一次陡峭，残余变形逐渐增大；④由表 3-7 可知，未损加固试件 WSRC-0、中度震损试件 WSRC-1、重度震损试件 WSRC-2 与原型对比试件 SRC-0 相比，其极限荷载分别提高了 23.0%、12.9%和 7.4%，极限位移分别提高了 23.7%、12.4%和 8.0%。

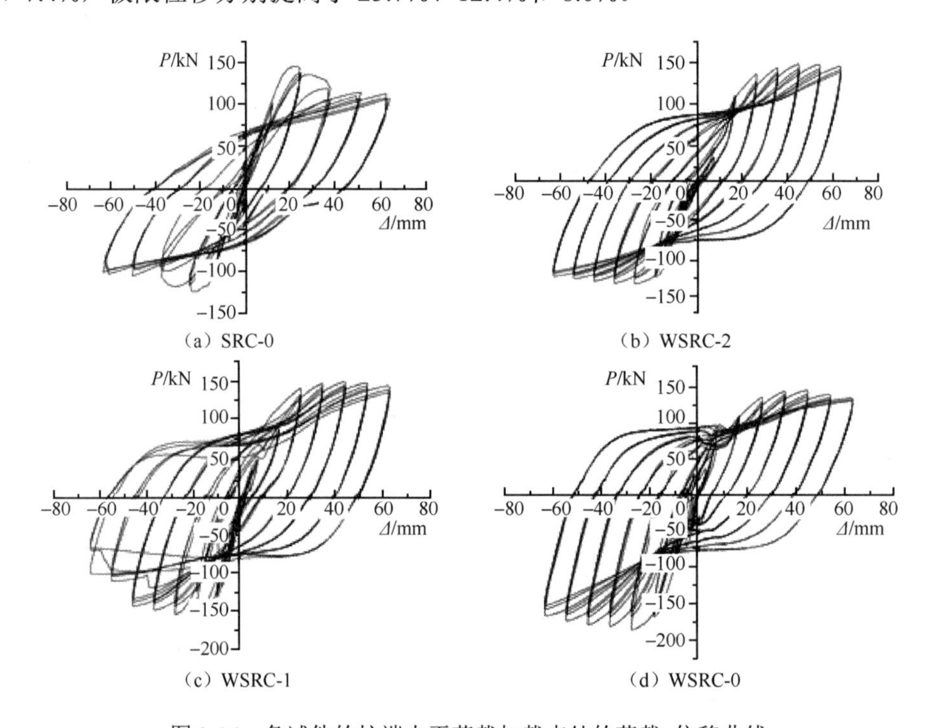

图 3-16　各试件的柱端水平荷载加载点处的荷载-位移曲线

各试件骨架曲线如图 3-17 所示。由图 3-17 可知，各个试件骨架曲线的弹性阶段和弹塑性阶段的过渡并不明显，这说明试件的屈服是试件变形累积到一定程度的过程。试件 WSRC-0、试件 WSRC-1 屈服前刚度明显大于试件 SRC-0，表明外包钢增强了试件的刚度；试件 WSRC-2 和试件 SRC-0 屈服前刚度基本一致，这表明外包钢加固能够有效恢复受损试件的刚度。

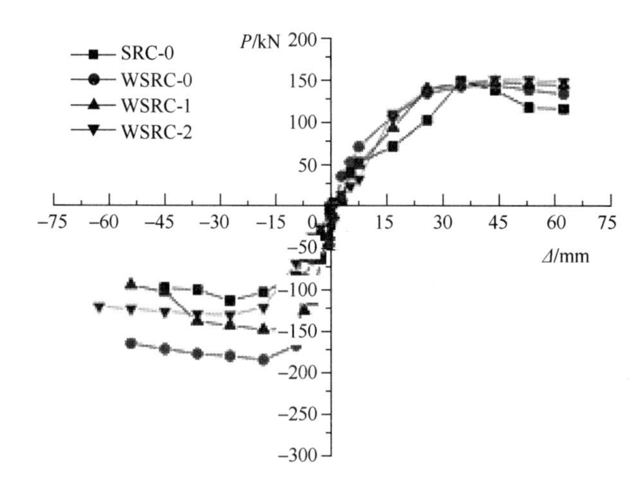

图 3-17 各试件骨架曲线

3.2.3.2 位移延性和能量耗散能力

由表 3-7 可以看出：①未损加固试件 WSRC-0，经过外包钢加固后，其延性系数有较大提高，增幅为 17.6%，这说明外包钢加固可以有效提高框架柱的延性；②随着预损程度的增大，延性系数逐渐下降。与原型对比试件 SRC-0 相比，中度震损试件 WSRC-1 和重度震损试件 WSRC-2 的延性系数增幅分别下降了 11.4%和 10.4%；③预损加固试件的延性系数均高于原型对比试件 SRC-0，说明外包钢加固方法能有效恢复受损试件的延性。

表 3-7 试件延性系数和耗能系数

试件编号	屈服位移Δ_y/mm	屈服荷载 P_y/kN	极限位移Δ_u/mm	极限荷载 P_{max}/kN	延性系数μ	耗能系数 E
SRC-0	16.45	117.43	47.67	131.00	2.89	0.44
WSRC-0	17.36	140.19	58.99	161.14	3.40	0.53
WSRC-1	16.64	126.82	53.58	148.04	3.22	0.49
WSRC-2	16.60	121.09	51.46	140.80	3.10	0.46

试件的能量耗散能力是滞回曲线所有滞回环围成面积的总和，总和的大小反映了试件耗能能力的好坏。能量耗散系数依据《建筑抗震试验方法规程》（JGJ/T 101—2015）[2]进行计算。能量耗散系数 E 取值为各级加载循环耗能系数中的最大值。各个试件能量耗散系数 E 见表 3-7。

由表 3-7 可知，经过外包钢加固，加固试件的耗能能力均有一定提高，其中未损加固试件 WSRC-0 提高最多，重度震损试件 WSRC-2 预损试件耗能能力恢复并超过原型对比试件。

3.2.3.3　刚度退化和承载力退化

依据《建筑抗震试验方法规程》（JGJ/T 101—2015）[2]试件的刚度退化可以用割线刚度来表示。本研究取同一级加载中三次循环荷载峰值和与峰值对应的位移值的平均值来用作割线刚度的计算。各试件刚度退化曲线如图3-18所示。由图3-18可以看出，加固试件WSRC-0～WSRC-2与原型试件SRC-0对比可知，外包钢加固能够极大地提高试件的刚度。相比试件SRC-0试件，随着加载位移增大，预损试件刚度退化曲线相对更加平缓。

图3-19为承载力退化曲线。从图3-19可以看出，SRC-0试件承载曲线变化较大，起伏明显，预损试件更为稳定和平滑。

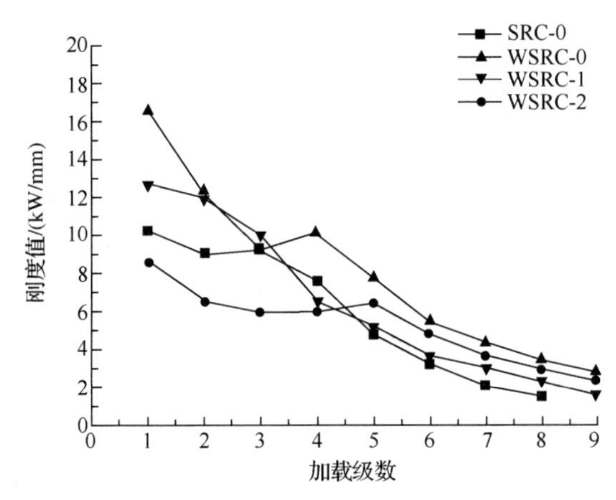

图3-18　各试件刚度退化曲线

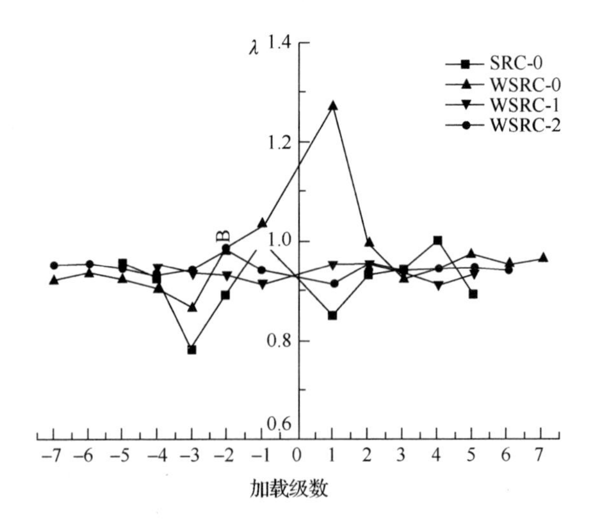

图3-19　承载力退化曲线

3.3 碳纤维布加固震损型钢混凝土框架节点抗震性能试验

3.3.1 试验概况

3.3.1.1 试件设计

选取平面框架底层中节点为研究对象，按 1∶2 缩尺比例，共制作 4 个几何尺寸相同的型钢混凝土框架中节点。柱内置型钢 I14，截面尺寸 140mm×80mm×5.5mm×9.1mm，钢材型号为 Q235B，配钢率 3.44%，柱纵筋 HRB400，配筋率 0.98%。钢材力学性能实测值见表 3-8，试件详图如图 3-20 所示。

表 3-8 钢材力学性能实测值

钢材型号	屈服强度 f_y/MPa	极限强度 f_u/MPa	弹性模量 E_s/MPa
Φ8 钢筋	312.4	434.2	2.01×10^5
Φ14 钢筋	405.6	536.8	2.17×10^5

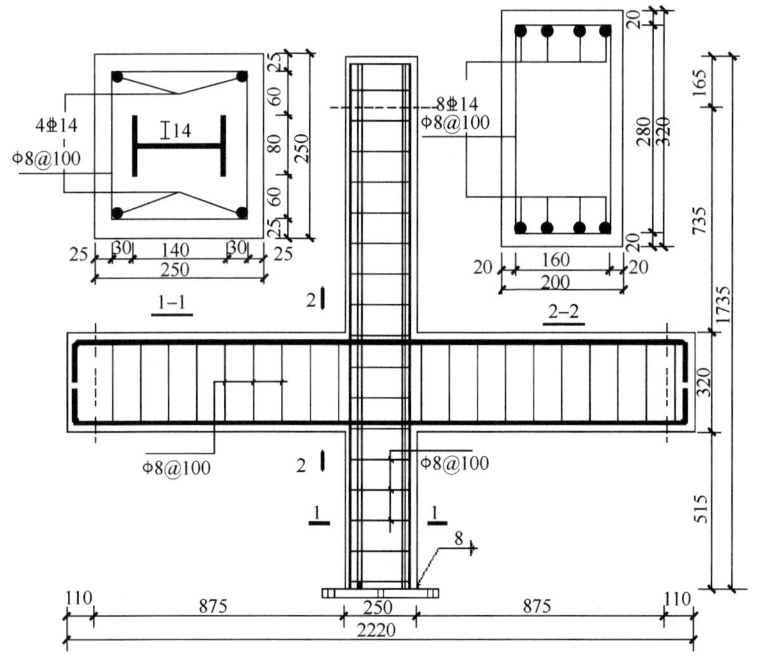

(a) 节点几何尺寸及配筋

图 3-20 试件详图（尺寸单位：mm）

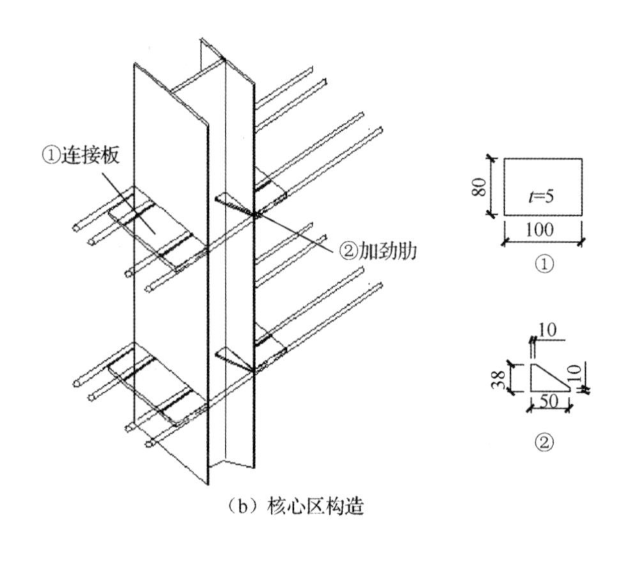

（b）核心区构造

图 3-20 （续）

3.3.1.2　试件预损与加固

SRCC-0 作为对比试件，不进行碳纤维布加固，直接加载至破坏。SRCC-1 不进行预损，采用碳纤维布加固后加载至破坏。SRCC-2 和 SRCC-3 分别进行不同程度预损，以模拟不同的地震损伤程度。预损程度通过柱顶位移实现，预损程度见表 3-9。试件加固设计依据《混凝土结构加固设计规范》（GB 50367—2013）[6]。采用 HP-12K-300 碳纤维布进行试件加固。具体加固方法：①在梁端上下侧面靠近节点 450mm 范围内粘贴两层宽为 180mm、长为 600mm 的 L 形碳纤维布延长至柱端 150mm 处；②节点核心区横向粘贴一层长 520mm、宽 320mm 碳纤维布延长至梁端 100mm 处，竖向粘贴一层长 520mm、宽 250mm 碳纤维布延长至柱端 100mm 处；③在靠近节点沿柱高 300mm 范围内环箍两层碳纤维布；④最后在靠近节点的梁端 450mm 范围内采用宽为 100mm 碳纤维布环箍锚固。试件加固如图 3-21 所示。碳纤维布材料性能见表 3-10。

表 3-9　试件预损程度

试件编号	轴压比	轴力/kN	预损位移角(位移)	加固方式
SRCC-0	0.4	750	—	未加固
SRCC-1	0.4	750	—	碳纤维布加固
SRCC-2	0.4	750	1/75（20mm）	碳纤维布加固
SRCC-3	0.4	750	1/35（45mm）	碳纤维布加固

表 3-10　碳纤维布材料性能

单位面积质量/（g/m^2）	拉伸强度/MPa	拉伸弹性模量/MPa	伸长率/%
301	3.05×10^3	238×10^3	1.68

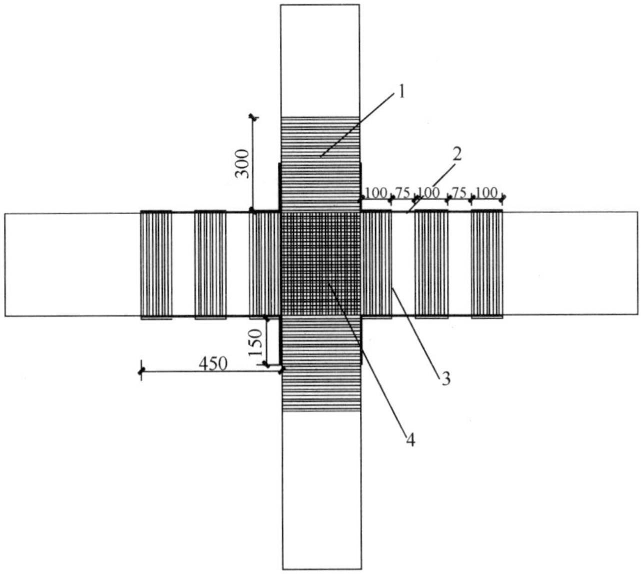

1.环向缠绕两层碳纤维布；2.L 型碳纤维布；3.碳纤维布环箍；4.核心区水平和竖直方向粘贴碳纤维布。

图 3-21　试件加固（尺寸单位：mm）

3.3.1.3　试件加载

柱底采用铰支座连接，梁端采用链杆连接。轴压力由液压千斤顶施加，水平低周反复荷载由行程 ±150mm 电液伺服作动器施加。加载装置如图 3-22 所示。

试验采用低周反复的试验加载方法。首先，在柱顶端通过液压千斤顶施加恒定轴力 750kN，轴压比保持在 0.4 左右。低周反复水平荷载通过电液伺服作动器施加在柱顶。水平荷载采用力-位移混合加载，从 0 逐级加载至屈服荷载，每级增加 10kN，每级荷载下循环一次。到达屈服荷载后采用位移控制加载，每级增加屈服位移的一倍，每级荷载作用下循环三次，直至试件破坏或水平荷载大幅度下降至最大荷载的 85%以下，停止试验[2]。

试验主要测试内容：混凝土裂缝宽度，荷载-位移滞回曲线，钢筋、型钢、混凝土、碳纤维布应变。应变测点布置如图 3-23 所示。

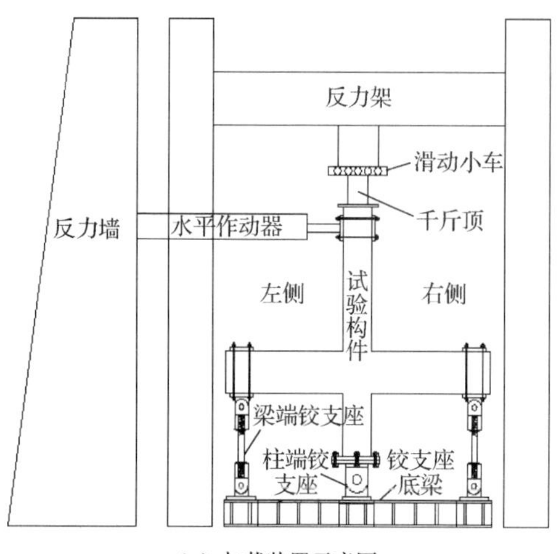

（a）加载装置示意图

（b）加载现场

图 3-22　加载装置

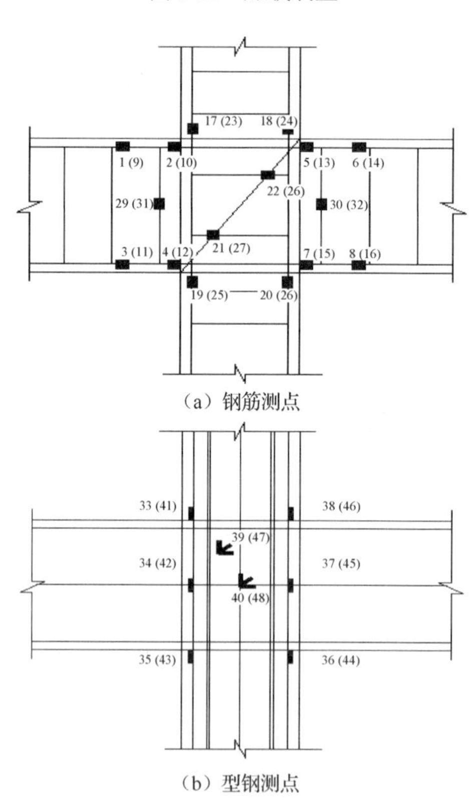

（a）钢筋测点

（b）型钢测点

图 3-23　应变测点布置

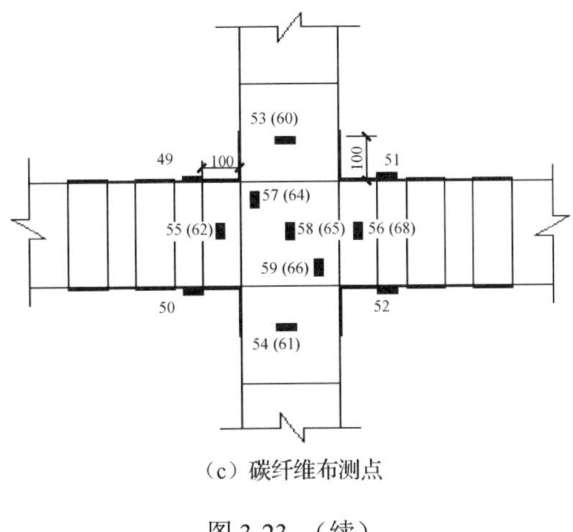

（c）碳纤维布测点

图 3-23 （续）

3.3.2 试验过程与破坏现象

各试件试验过程中，竖向轴力保持恒定。定义水平拉力为正，推力为负。试件 SRCC-0 为对比试件，不进行加固直接加载至破坏。试件 SRCC-0 的裂缝分布如图 3-24 所示，当在 ±10kN 循环加载过程中，+8.5kN 时，出现第一批裂缝（见图 3-24 位置 1 处，下同），裂缝宽度为 0.1mm。在 ±30kN 循环加载过程中，+22.3kN 时出现第二、三批裂缝。随着位移的减小，裂缝能完全闭合。在 ±50kN 循环加载过程中，+42kN 时，出现第四批裂缝。同时第一、二、三批裂缝逐渐发展、延伸。当水平位移为 18mm 时，出现第五批裂缝。3#和 16#应变值分别为 1923$\mu\varepsilon$和 1987$\mu\varepsilon$。此时梁纵筋应变超过屈服应变，试件屈服。在 ±30mm 的第一次循环加载过程中，出现第六批裂缝，原有的裂缝继续发展，梁柱交接的位置裂缝贯通。在 ±45mm 的第一次循环加载过程中，−42mm 时出现第七批裂缝。右梁下部混凝土开始剥落。在 ±60mm 的第一次循环加载过程中，右梁上部与柱交界处混凝土剥落，右梁下部混凝土压碎，梁箍筋外露，梁裂缝宽度达到 4mm。继续加载承载力下降至极限荷载 85%以下，停止试验，试件破坏现象如图 3-25（a）所示。

试件 SRCC-1 不进行预损，经碳纤维布加固后直接加载至破坏。由于混凝土表面被碳纤维布包裹，不便于观察裂缝分布情况。位移约 18mm 时，3#和 8#应变值分别为 1923$\mu\varepsilon$和 2023$\mu\varepsilon$，此时试件屈服。在 ±30mm 的第一次循环过程中，−25mm 时碳纤维布胶体脆弱部位发出零星脆裂声，碳纤维布无明显现象。在 ±45mm 的第二次循环加载过程中，+41mm 时左梁侧面未被碳纤维布包裹的混凝土表面出现裂缝；脆裂声密集且剧烈，右梁下表面碳纤维布被轻微撕裂。在 ±60mm 的第一次循环加载过程中，碳纤维布撕裂严重，此时承载力开始出现下降的趋势。在 ±75mm 的第一次循环加载过程中，右梁下表面碳纤维布断裂，水平承载力下降到极限荷载 85%以下，停止试验，试件破坏现象如图 3-25（b）所示。

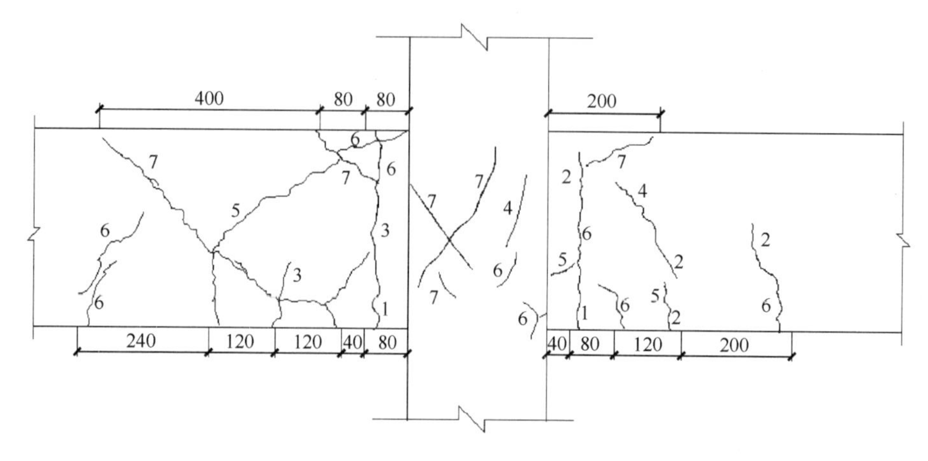

图 3-24　裂缝分布（尺寸单位：mm）

试件 SRCC-2 的预损位移为 20mm，经碳纤维布加固后加载至破坏。由于混凝土表面被碳纤维布包裹，不便于观察裂缝分布情况。在 ±60kN 的循环加载过程中，碳纤维布胶体脆弱部位发出零星脆裂声，碳纤维布无明显现象。位移约 18mm 时，$8^{\#}$和 $16^{\#}$的应变值分别为 1982$\mu\varepsilon$和 1931$\mu\varepsilon$，此时试件屈服。在 ±30mm 的第一次循环过程中，碳纤维布脆裂声加剧。位移为−25mm 时，左梁侧面未被碳纤维碳纤包裹的混凝土表面出现裂缝。在 ±45mm 的第一次循环过程中，+42mm 时，右梁上表面的碳纤维布轻微鼓起，脱离混凝土表面。下表面的碳纤维布部分撕裂；脆裂声密集且剧烈。在 ±78mm 的循环过程中，水平承载力下降到极限荷载 85%以下，停止试验，试件破坏现象如图 3-25（c）所示。

试件 SRCC-3 的预损位移为 45mm，经碳纤维布加固后加载至破坏。由于混凝土表面被碳纤维布包裹，不便于观察裂缝分布情况。在+60kN 时，碳纤维布胶体脆弱部位发出零星脆裂声，碳纤维布无明显现象。位移为 18mm 时，$3^{\#}$和 $11^{\#}$应变值分别为 1923$\mu\varepsilon$和 2023$\mu\varepsilon$，此时试件屈服。在 ±30mm 的第一次循环加载过程中，+28mm 时，右梁下表面碳纤维布出现轻微破损，脆裂声明显加剧。在 ±60mm 的第一次循环加载过程时，+51mm 时，承载力开始出现下降趋势，敲击节点核心区，有轻微的空鼓声。在 ±75mm 的一次循环加载过程中，右梁侧面碳纤维布被拉裂，水平承载力下降到极限荷载的 85%以下，停止试验，试件破坏现象如图 3-25（d）所示。

（a）试件 SRCC-0 梁端裂缝贯通
箍筋外露，混凝土压碎

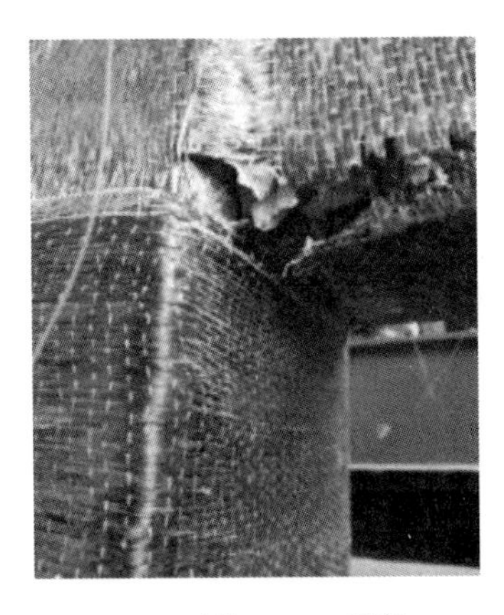

（b）试件 SRCC-1 梁底
碳纤维布断裂

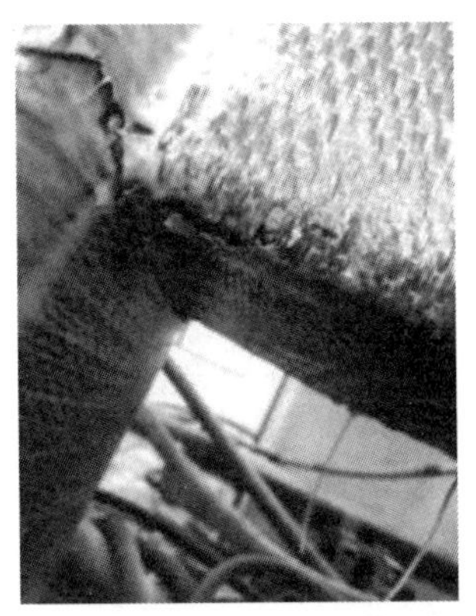

（c）试件 SRCC-2 梁底碳纤维布撕裂

（d）试件 SRCC-3 梁侧面碳纤维布撕裂

图 3-25　破坏现象

3.3.3　主要试验结果及分析

3.3.3.1　滞回曲线和骨架曲线

各构件的柱顶水平荷载-位移滞回曲线如图 3-26 所示。由图 3-26 可以看出：①试件屈服后，残余变形不断增大，滞回环的面积也明显增大。加载时，滞回曲线的斜率随着位移的增加而减小。卸载时位移滞后明显，曲线陡峭。②SRCC-0～SRCC-3 的滞回曲线都有一定的捏缩现象。SRCC-1～SRCC-3 与 SRCC-0 相比，滞回曲线的捏缩现象得到明显改善。其承载力和极限位移均有所提高，极限位移提高更加显著，而且滞回环面积也更加饱满。这说明碳纤维布加固后构件的变形能力和耗能能力都明显提高。③对比 SRCC-1、SRCC-2、SRCC-3，滞回曲线的饱满程度逐渐减低。这说明损伤程度对碳纤维布加固效果有一定影响，损伤程度越小，加固效果越好。

各构件的骨架曲线如图 3-27 所示。由图 3-27 可以看出：①4 个试件的直线上升阶段基本接近，这说明碳纤维布是在构件屈服后开始发挥作用。②曲线没有出现明显的拐点，说明试件屈服是一个从局部向整体逐渐发展的过程。③经碳纤维布加固后的试件，其极限承载力均高于对比试件。这说明碳纤维布能提高试件的极限承载力，且提高程度与损伤程度有关，损伤较轻的试件极限承载力提高大。④经碳纤维布加固后的试件，其破坏位移均大于对比试件，说明碳纤维布能提高试件的延性。

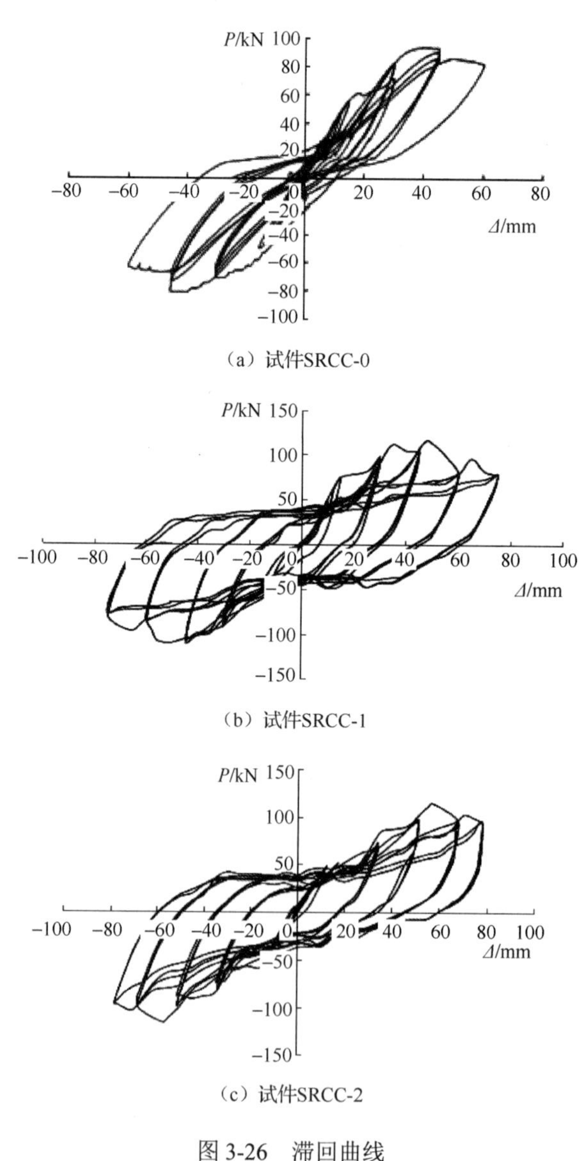

（a）试件SRCC-0

（b）试件SRCC-1

（c）试件SRCC-2

图 3-26　滞回曲线

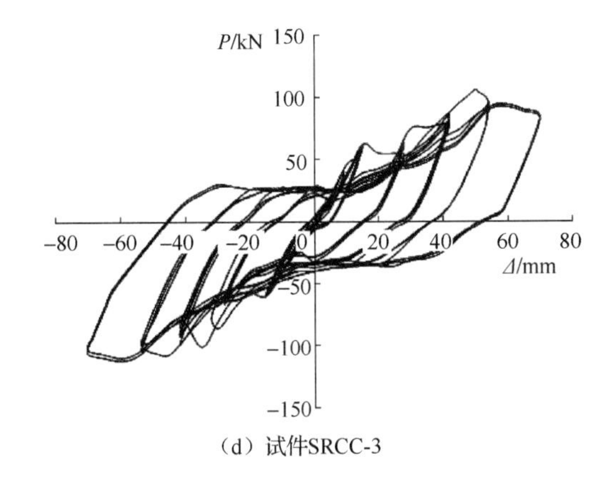

（d）试件SRCC-3

图 3-26 （续）

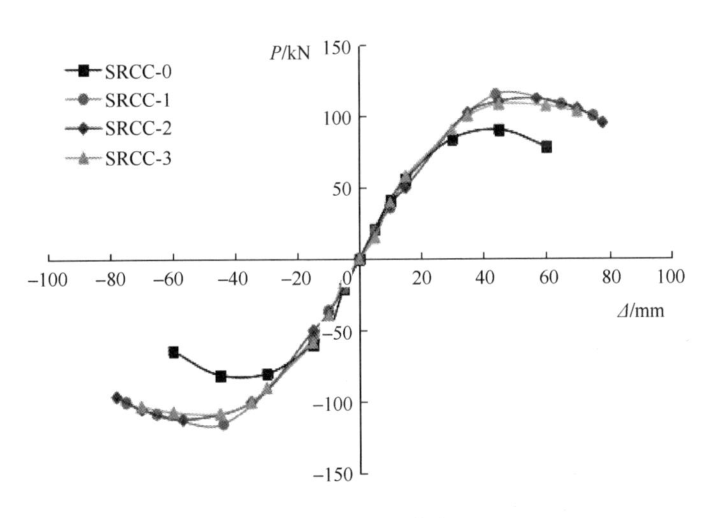

图 3-27 骨架曲线

3.3.3.2 梁端碳纤维应变分析

图 3-28 给出 SRCC-2 梁纵筋 3#和梁端碳纤维布 50#的应变–时间曲线。由图 3-28 可以看出，在加载初期碳纤维布的应变水平不高，平均应变在 1000με以内，而钢筋平均应变达到 3000με。这说明碳纤维布存在应力滞后现象，这是因为碳纤维布提供的是被动约束，在梁纵筋屈服后才能参与梁端的变形。持续加载，钢筋和碳纤维布开始产生残余应变且钢筋的残余应变比碳纤维布的残余应变大。在加载后期，碳纤维布仍能保持较高的应力水平，说明碳纤维布与混凝土黏结良好，能很好地与梁协同工作。

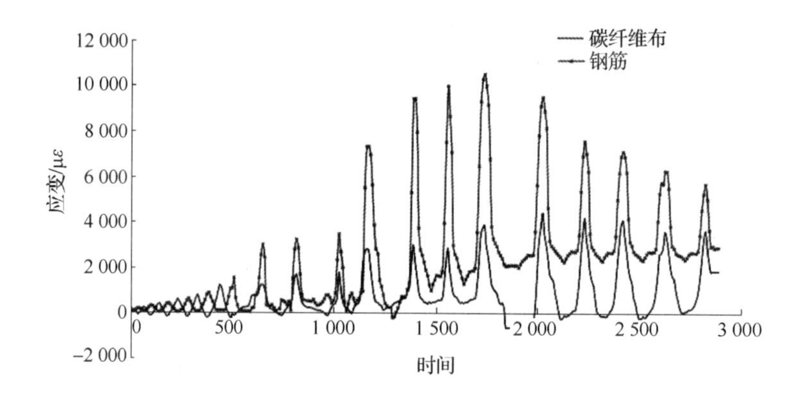

图 3-28　应变-时间曲线

图 3-29 给出 SRCC-2 梁端碳纤维布 50#的荷载-应变曲线。由图 3-29 可以看出，加载初期，滞回曲线接近直线，滞回环不明显，残余变形很小，此时碳纤维布未发挥作用。持续加载，碳纤维布残余变形变大，应变随着荷载的增大而增大，滞回环明显增大。碳纤维布参与梁端变形，表现出良好的耗能性能。

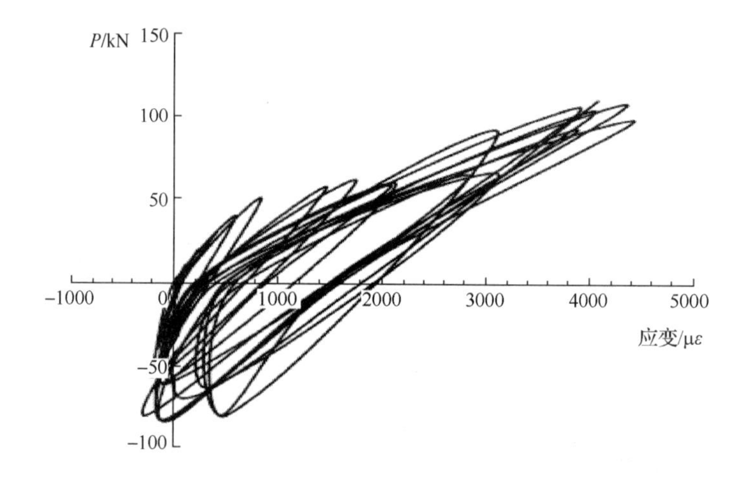

图 3-29　荷载-应变曲线

3.3.3.3　位移延性

采用“能量等值法”确定时间的屈服点，定义相应的坐标为屈服荷载 P_y 和屈服位移，试件破坏的位移为破坏位移 Δ_u。P_{max} 为极限荷载，相应的柱顶位移为 Δ_{max}，层间位移延性系数 μ 定义为破坏时的柱顶位移 Δ_u 与屈服位移 Δ_y 的比值。各试件的位移延性系数见表 3-11。破坏位移 Δ_u 与屈服位移 Δ_y 取试件正反向加载的平均值。由表 3-11 可以看出，SRCC-1～SRCC-3 的位移延性系数均大于 SRCC-0 的位移延性系数，依次提高了 28.1%、21.8%和 6.3%。这说明碳纤维布能有效提高试件的延性。对比 SRCC-2 和 SRCC-3，损伤程度会降低试件的延性。损伤越严重延性系数下降越大。

表 3-11 试件的位移延性系数

编号	Δ_y/mm	Δ_u/mm	μ
SRCC-0	18.1	58.2	3.2
SRCC-1	18.8	76.2	4.1
SRCC-2	18.5	72.4	3.9
SRCC-3	18.3	63.1	3.4

3.3.3.4 承载能力

各试件的极限荷载、极限位移见表 3-12。由表 3-12 可以看出：①碳纤维布能提高试件的承载能力，最高提高了 19.6%；②碳纤维布能提高试件的极位移，最高提高了 28.3%；③SRCC-2～SRCC-3 极限承载力相差不大，说明损伤程度对承载力的影响不显著。

表 3-12 主要实验结果

编号	加载方向	P_{max}/kN	Δ_{max}/mm	P_{max} 提高值/%	Δ_{max} 提高值/%
SRCC-0	正向	90.3	44.5	—	—
	方向	89.1	44.7	—	—
SRCC-1	正向	108.0	50.0	19.6	12.4
	反向	106.2	51.2	19.2	14.5
SRCC-2	正向	105.1	57.1	16.4	28.3
	反向	104.8	56.8	17.6	25.3
SRCC-3	正向	101.3	51.3	12.1	15.2
	反向	103.2	55.4	15.8	23.9

3.3.3.5 刚度退化

刚度退化采用试件不同加载位移下滞回曲线的割线刚度 K_i 来描述[2]。K_i 按同级加载中的峰值荷载进行计算。图 3-30 给出各构件的刚度退化曲线。由图 3-30 可以看出，SRCC-0 的刚度退化曲线下降较快，而经碳纤维布加固后的试件较为平缓。这说明碳纤维布能延缓刚度的退化，改善了试件的抗震性能。比较 SRCC-1 与 SRCC-0、SRCC-1 的刚度提高了 0.8kN/mm，说明碳纤维布能提高试件的刚度，但提高幅度不大。

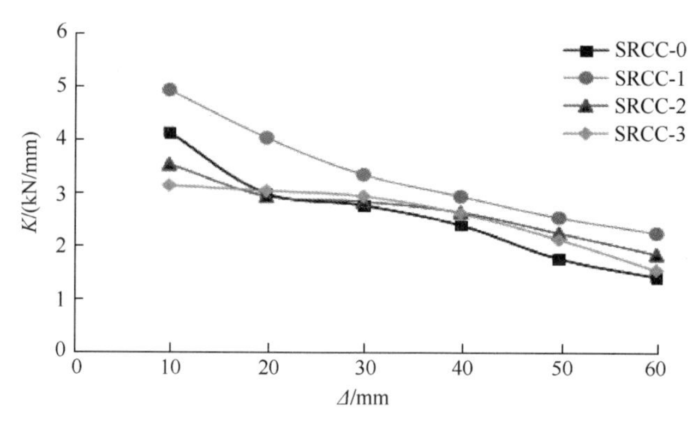

图 3-30　刚度退化曲线

3.4　外包角钢加固震损型钢混凝土框架节点抗震性能试验

3.4.1　试验概况

3.4.1.1　试件设计

试验选取平面框架底层中节点为研究对象，基于《建筑抗震试验规程》（JGJ/T 101—2015）[2]和《组合结构设计规范》（JGJ 138—2016）[1]，按 1∶2 比例缩尺设计并制作了 5 个相同几何尺寸的型钢混凝土柱-钢筋混凝土梁组成的框架节点模型。梁反弯点之间距离为 2000mm，柱反弯点之间距离为 1570mm。柱配置型钢 I14，钢材型号 Q235B，配钢率 3.44%；柱纵筋 HRB400，配筋率 0.98%；试件节点核心区采用柱贯通式，连接板和加劲肋厚度均为 5mm，与柱型钢可靠焊接。试件几何尺寸及构造如图 3-31 所示。实测混凝土立方体抗压强度平均值为 52.4MPa。

3.4.1.2　试件预损及加固措施

试件编号分别为 SRCJ-0、SRCJ-0R、SRCJ-1R、SRCJ-2R、SRCJ-3R，试验轴压比为 0.4，待试件养护至龄期后，对 SRCJ-1R、SRCJ-2R、SRCJ-3R 分别模拟不同的地震损伤：轻度损伤、中度损伤、重度损伤，试件预损程度及加固方式见表 3-13。节点预损采用位移控制，以 3mm 的倍数为级差进行低周往复加载。试件屈服前每级循环一次，试件屈服后每级循环三次，直至预损位移值，然后用 WEP 结构注缝胶对裂缝进行修复，裂缝宽度用混凝土裂缝测宽仪量测。

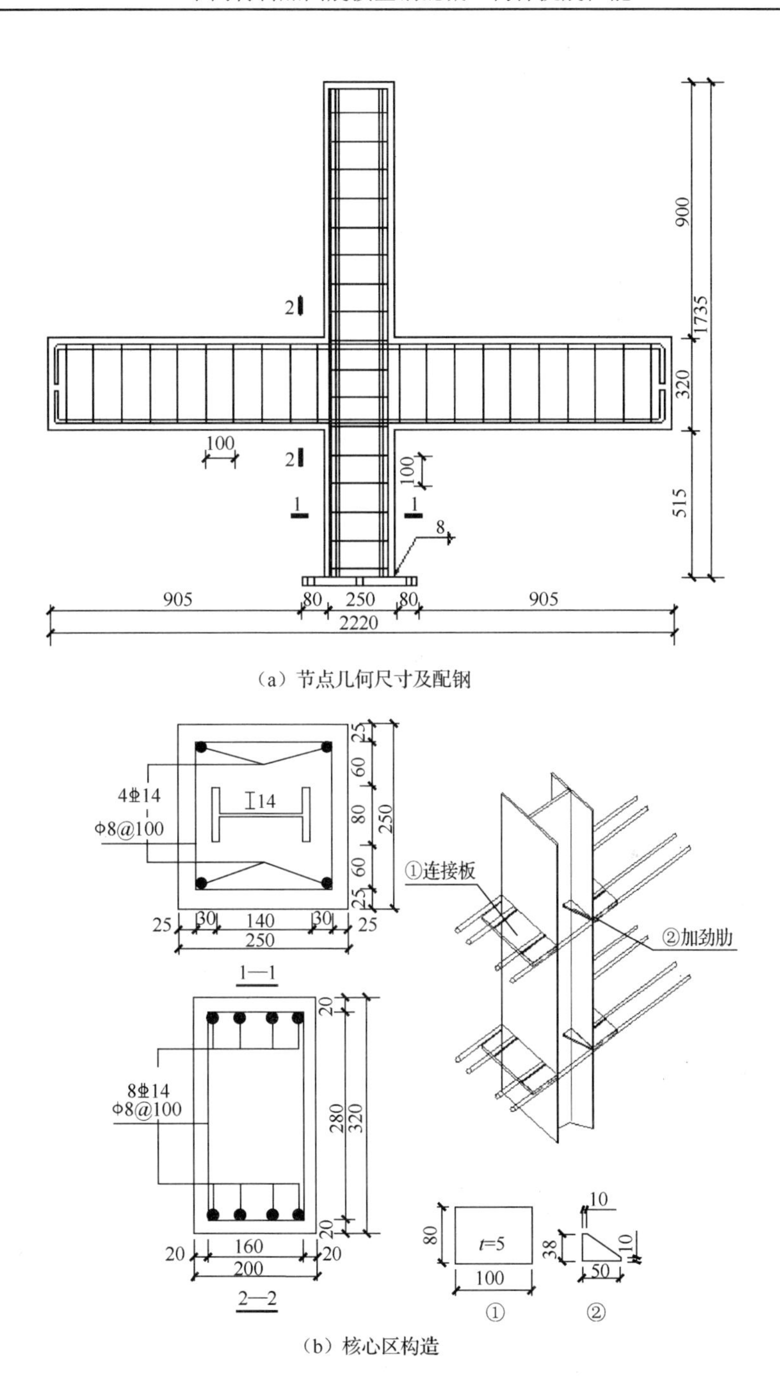

图 3-31 试件几何尺寸及构造（尺寸单位：mm）

表 3-13　试件预损程度及加固方式

试件编号	轴压比 n	轴压力/kN	预损位移角	预损位移/mm	加固方式
SRCJ-0	0.4	750	—	—	未加固
SRCJ-0R	0.4	750	—	—	外包角钢加固
SRCJ-1R	0.4	750	1/150	10	外包角钢加固
SRCJ-2R	0.4	750	1/75	20	外包角钢加固
SRCJ-3R	0.4	750	1/35	45	外包角钢加固

试件加固如图 3-32 所示，根据《混凝土结构加固设计规范》（GB 50367—2013）[6]，取角钢和缀板厚度 4mm，柱缀板净距 75mm，核心区柱角钢尺寸 50mm×25mm×4mm，在梁柱交接处与梁缀板和角钢可靠焊接，采用柱角钢贯通式。梁竖向缀板尺寸 210mm×50mm×4mm，梁水平缀板尺寸 90mm×50mm×4mm，梁缀板净距 85mm，缀板与角钢之间采用对接焊。梁柱上下面交接处用 80mm×80mm×4mm 角钢焊接加固后，再用 M8 化学螺栓与原梁柱锚固。梁侧面用扁钢带加固，且扁钢带在梁柱缀板交接处采用脚焊。梁柱端用 4 块钢板焊接成围套进行加固，防止梁柱端应力集中被压坏。角钢、缀板与混凝土之间用满足《混凝土结构加固设计规范》（GB 50367—2013）[6]的 WSJ 灌注型结构胶进行灌注黏结，然后将试件刷漆，便于观察钢板的变形情况。钢材力学性能见表 3-14。

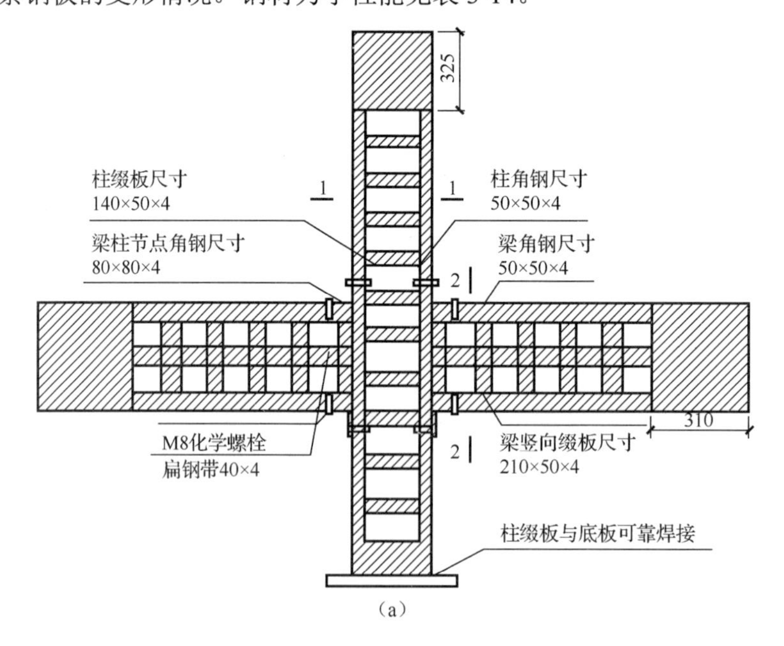

(a)

图 3-32　试件加固（尺寸单位：mm）

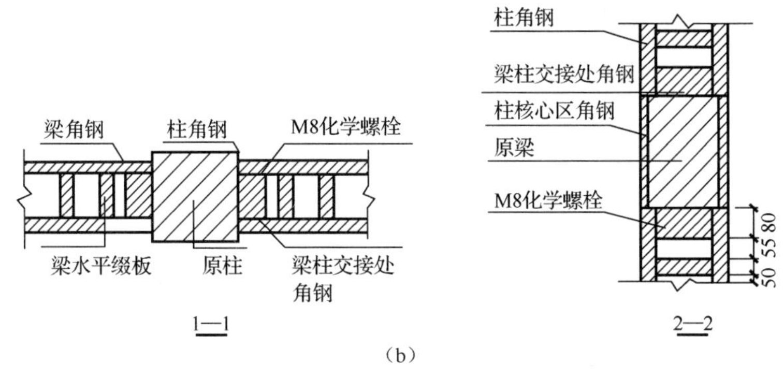

（b）

图 3-32 （续）

表 3-14 钢材力学性能

钢材型号	屈服强度 f_y/MPa	极限强度 f_u/MPa	弹性模量 E_s/MPa
Φ8 钢筋	312.4	434.2	2.01×10^5
Φ14 钢筋	405.6	536.8	2.17×10^5
4mm 钢板	324.3	475.4	2.04×10^5

3.4.1.3 加载装置及量测

试件柱底端通过铰支座连接固定，梁两端通过连杆铰接形成可水平移动支承，柱顶端竖向轴压力由千斤顶施加。柱端水平低周往复荷载由量程 ±150mm 电液伺服水平作动器施加。水平加载过程中，千斤顶可随滑动小车水平移动。试验加载装置如图 3-33 所示。

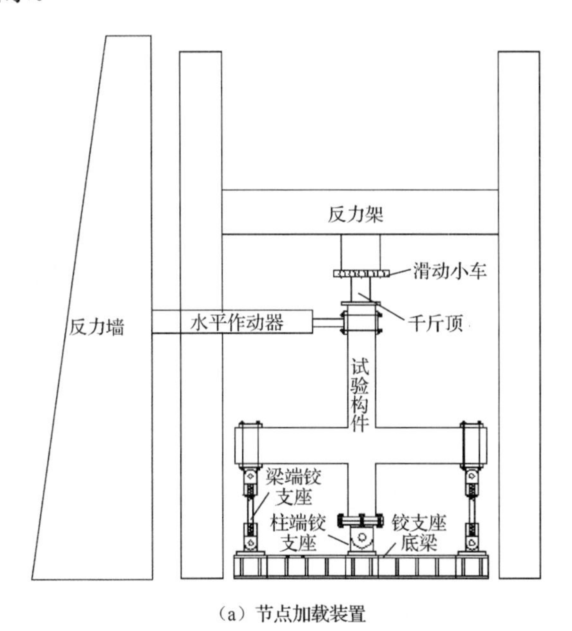

（a）节点加载装置

图 3-33 试验加载装置

（b）试验加载现场

图 3-33　（续）

试验首先通过液压千斤顶施加竖向荷载，达到设计值后保持不变，然后再由水平作动器施加水平往复荷载。水平荷载的施加采用荷载和位移双控制方法，以梁纵筋达到屈服作为标志，在试件屈服前采用力控制并分级加载，每级荷载增量为 10kN，每级循环一次；试件屈服后采用位移控制，以屈服位移的倍数为级差控制加载，每级位移循环三次，当试件的承载力下降到最大荷载 85%以下或试件不适合继续加载时终止试验[2]。

试验中测试主要内容：柱端水平位移和荷载；梁柱纵筋和箍筋应变，节点核心区型钢翼缘和腹板应变；混凝土表面和外包钢表面应变；所测试的原始数据由计算机和 BZ2205C 静态电阻应变仪采集，应变片布置如图 3-34 所示。

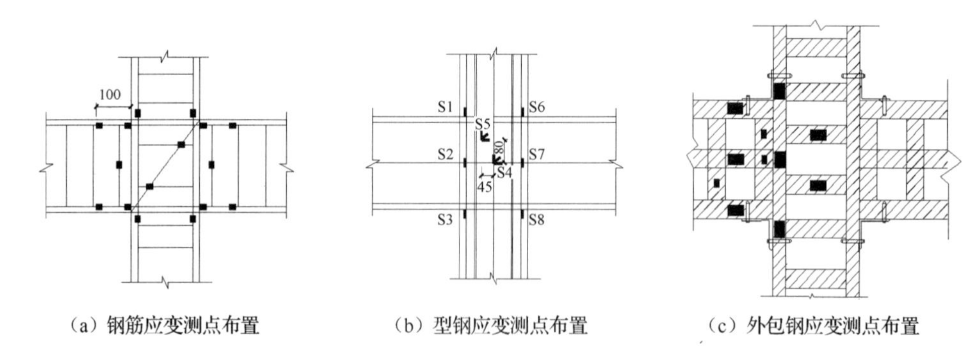

（a）钢筋应变测点布置　　（b）型钢应变测点布置　　（c）外包钢应变测点布置

图 3-34　应变片布置（尺寸单位：mm）

3.4.2　试验现象及破坏形态

首先施加竖向荷载至 750kN，检查各仪表是否正常工作后再施加水平荷载。为了方便描述，试验规定作动器拉为负，推为正。

试件 SRCJ-0 为对比试件，直接加载至破坏。水平荷载 ±10kN 循环加载过程中，加载 8.4kN 时，梁柱交汇处右梁下部出现第 1 条裂缝，裂缝宽度为 0.1mm；水平荷载 ±50kN 循环加载过程中，节点核心区开始出现裂缝，裂缝宽度为 0.06mm，梁原有裂缝向上延伸，宽度变大，且出现多条新裂缝；水平位移为 18mm 时，梁纵筋应变超过 1900με，试件达到屈服状态。试件屈服后，按位移控制的方式加载，此时梁箍筋应变为 1502με，核心区型钢腹板应变为 1498με；水平位移 ±30mm 第一次循环加载过程中，左右梁端出现多条斜裂缝，左梁上部开始出现竖向裂缝；水平位移 ±45mm 第一次循环加载中，左右侧梁竖向裂缝贯通，左侧梁下部混凝土开始剥落；水平位移 ±60mm 循环加载过程中，左侧梁底部距离柱 80mm 处混凝土压碎，左侧梁上部与柱交汇处混凝土剥落，梁箍筋外露；继续加载，水平荷载下降到峰值荷载 85%以下，节点核心区型钢腹板应变最大值为 2441με，梁纵筋和箍筋应变显示超出范围，试件 SRCJ-0 的破坏形态如图 3-35 所示。

图 3-35 试件 SRCJ-0 的破坏形态

试件 SRCJ-0R 直接采用外包角钢加固后加载至破坏。水平荷载 ±60kN 循环加载过程中，加载 58kN 时，梁钢板内发出噼啪声，胶体开始发生破坏；水平位移为 17mm 时，梁纵筋应变最大值达到 1900με，试件屈服。采用位移控制加载，此时梁外包角钢应变最大值为 1615με，梁箍筋应变为 1122με，核心区型钢腹板应变为 975με；水平位移 ±30mm 第一次循环加载过程中，梁柱焊接处右侧梁下部产生裂缝，在右梁底部未加固区域，混凝土有新裂缝产生，表面漆皮掉落；水平位移 ±45mm 第一次循环加载过程中，核心区胶体开始破坏，且核心区混凝土表面有微小裂纹出现；水平位移 ±60mm 循环加载过程中，左侧柱下端化学螺栓略有松动，左右侧梁柱焊接处梁上部产生裂缝，原梁柱焊接处梁下部裂缝延长；水平

位移 ±75mm 循环加载过程中，梁柱焊接处梁裂缝贯通，右侧柱下部螺栓脱落，水平荷载下降到峰值荷载 85%以下，核心区角钢应变最大值达到 1886με，核心区型钢腹板应变最大值为 1602με，梁角钢应变最大值为 2126με，梁纵筋应变值显示超出范围，试件以梁弯曲破坏结束。

试件 SRCJ-1R 预损位移为 10mm，预损后梁最大裂缝宽度为 0.41mm，然后采用外包角钢加固再加载至破坏。水平荷载 ±60kN 循环加载过程中，加载 54kN 时，梁钢板内开始有噼啪声，说明胶体发生破坏，试件表面无明显现象；位移为 17.5mm 时，梁纵筋应变超过 1900με，试件屈服。采用位移控制加载，此时梁外包角钢应变最大值为 1604με，梁箍筋应变为 1206με，核心区型钢腹板应变为 1074με；水平位移 ±30mm 第一次循环加载过程中，左右侧梁柱焊接处梁下部开始出现裂缝；水平位移 ±60mm 第一次循环加载过程中，左右侧梁与柱焊接处梁上部均出现裂缝，核心区混凝土裂缝明显增多，漆皮掉落严重，核心区角钢和缀板焊接处有细微裂缝出现；位移 ±75mm 循环加载过程中，梁柱焊接处裂缝贯通，水平荷载下降到峰值荷载 85%以下，核心区角钢应变最大值达到 1904με，核心区型钢腹板应变最大值为 1701με，梁角钢应变最大值为 2207με，梁纵筋应变值显示超出范围，试件以梁弯曲破坏结束。

试件 SRCJ-2R 预损位移为 20mm，预损后梁最大裂缝宽度为 1.39mm，然后采用外包角钢加固再加载至破坏。水平荷载 ±60kN 循环加载过程中，加载 51kN 时，梁钢板与混凝土之间的胶体开始发生破坏；位移为 17.5mm 时，梁纵筋应变超过 1900με，试件屈服。采用位移控制加载，此时梁外包角钢应变最大值为 1594με，梁箍筋应变为 1286με，核心区型钢腹板应变为 1159με；水平位移 ±45mm 第一次循环加载过程中，右侧梁柱焊接处梁下部出现裂缝；水平位移 ±55mm 循环加载过程中，水平荷载达到峰值 130kN，梁柱焊接处梁裂缝延伸，柱核心区角钢与缀板焊接处产生细微裂缝，核心区混凝土有裂缝出现，左侧柱下方化学螺栓松动；位移 ±75mm 循环加载过程中，梁柱焊接处梁裂缝贯通，水平荷载下降到峰值荷载 85%以下，核心区角钢应变最大值达到 1824με，核心区型钢腹板应变最大值为 1564με，梁角钢应变最大值为 2230με，梁纵筋应变显示超出范围，试件以梁弯曲破坏结束。

试件 SRCJ-3R 预损位移为 45mm，预损后梁最大裂缝宽度为 2.90mm，然后采用外包角钢加固再加载至破坏。水平荷载 ±50kN 循环加载过程中，加载 50kN 时，钢板与混凝土之间的胶体开始发生破坏；位移为 17mm 左右时，梁纵筋应变达到 1900με，试件屈服。采用位移控制加载，此时梁外包角钢应变最大值为 1612με，梁箍筋应变为 1324με，核心区型钢腹板应变为 1021με；水平位移 ±40mm 循环加载过程中，左右侧梁柱焊接处梁下部出现裂缝；位移 ±60mm 循环加载过程中，水平荷载达到峰值 102.5kN，柱核心区混凝土有裂缝出现，左右侧梁柱焊接处梁裂缝延伸；水平位移 ±75mm 循环加载过程中，梁柱焊接处梁裂缝贯通，水平荷载下降到峰值荷载 85%以下，核心区角钢应变最大值达到 1802$\mu\varepsilon$，核心区型钢腹板应变最大值为 1522$\mu\varepsilon$，梁角钢应变最大值为 2445$\mu\varepsilon$，梁纵筋应变值显示超出范围，试件以梁弯曲破坏结束。

采用外包角钢加固的试件破坏形态基本相同，均为梁端弯曲破坏，符合“强柱弱梁”的设计原则。由外包角钢的应变分析可知，在加载过程中，外包角钢能与试件共同工作。如图 3-36 为试件 SRCJ-0R 的破坏形态。

(a) 左右侧梁裂缝贯通

(b) 梁下部化学螺栓破坏

图 3-36　试件 SRCJ-0R 的破坏形态

3.4.3　试验结果及分析

3.4.3.1　滞回曲线

图 3-37 为各试件柱顶水平荷载-位移滞回曲线。由图 3-37 可知：①与对比试件 SRCJ-0 相比，采用外包角钢加固试件破坏时的水平位移均有增大，延性较好；滞回环更加饱满，耗能能力更强，加固后的试件抗震性能得到明显改善。②SRCJ-1R、SRCJ-2R、SRCJ-3R 为不同预损程度的加固节点，随着预损程度的增加，滞回环捏缩现象也越明显；经过严重破坏的试件 SRCJ-3R，滞回环由初始的梭形向弓字形发展，试验后期出现较明显捏缩滑移现象，其耗能能力较轻度破坏 SRCJ-1R、中度破坏 SRCJ-2R 更差。不同的震损程度对加固效果的影响较大。

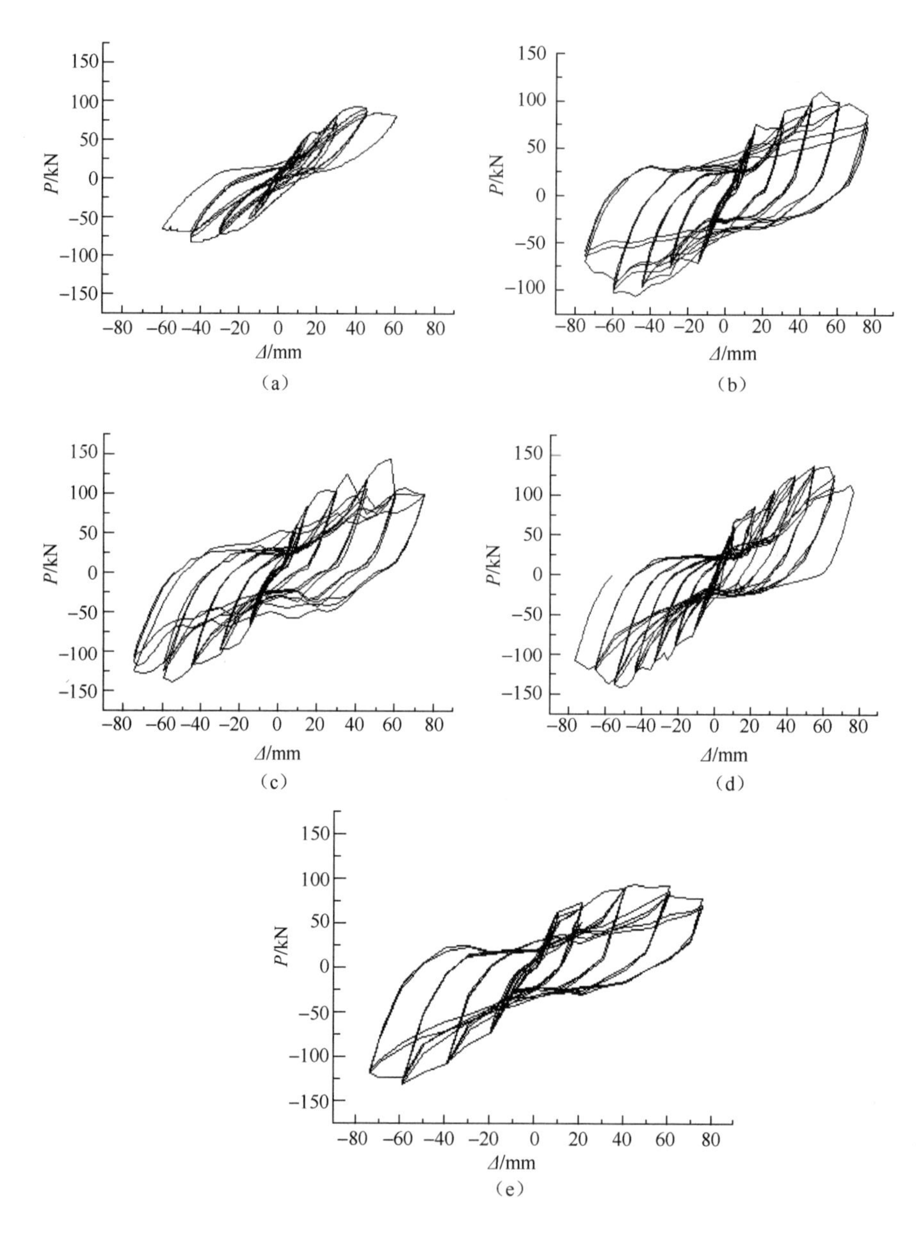

图 3-37　各试件柱顶水平荷载-位移滞回曲线

3.4.3.2　骨架曲线

各试件骨架曲线如图 3-38 所示，采用“能量等值法”来确定试件的屈服点，荷载-位移曲线上相对应的坐标即为屈服荷载 P_{y} 和屈服位移 $\varDelta_{\mathrm{y}}$。通过观察骨架曲线可以发现，正负向并不对称，因此分别确定正负向屈服点后，取正负向屈服荷载和屈服位移绝对值的平均值作为试件的屈服荷载 P_{y} 和屈服位移 $\varDelta_{\mathrm{y}}$。试件的破坏

荷载 P_u 为荷载下降到峰值荷载 85%时对应的荷载，相对应的位移为破坏位移Δ_u。试件对应的最大荷载为峰值荷载 P_{max}，相应的柱顶位移为Δ_{max}。各试件特征点及延性系数如表 3-15 所示。

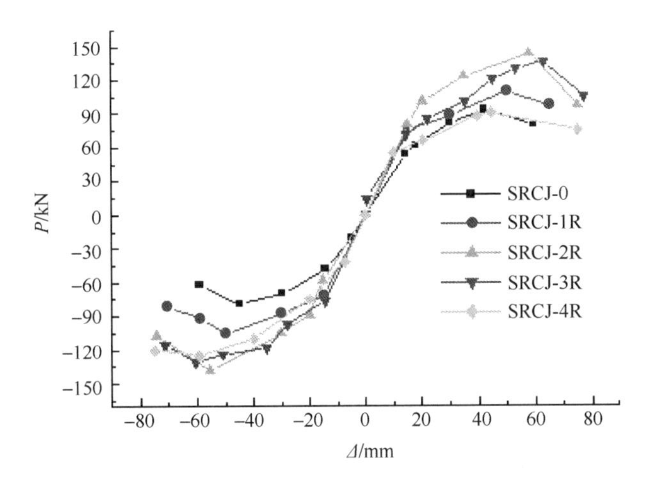

图 3-38　各试件骨架曲线

表 3-15　各试件特征点及延性系数

试件编号	屈服点		极限点		破坏位移	延性系数 u
	P_y/kN	Δ_y/mm	P_{max}/kN	Δ_{max}/mm	Δ_u/mm	
SRCJ-0	60.1	20.0	86.2	43.4	58.2	2.91
SRCJ-1R	79.1	22.7	107.5	50.1	68.6	3.02
SRCJ-2R	103.3	25.3	140.7	56.8	77.5	3.12
SRCJ-3R	91.7	26.4	130.5	61.8	80.9	3.06
SRCJ-4R	78.4	21.9	107.6	51.9	65.5	2.99

在弹性阶段，采用角钢加固试件斜率明显大于对比试件 SRCJ-0，说明外包钢与混凝土能协同工作；直接加固试件 SRCJ-0R 相比对比试件 SRCJ-0 峰值荷载提高了 53.7%，峰值位移提高了 23.5%；受轻度损伤试件 SRCJ-1R 相比对比试件SRCJ-0 峰值荷载提高了 51.9%，峰值位移提高了 22.1%；受中度损伤试件 SRCJ-2R比对比试件 SRCJ-0 峰值荷载提高了 50.2%，峰值位移提高了 20.7%；受重度损伤试件 SRCJ-3R 相比对比试件 SRCJ-0 峰值荷载提高了 19.1%，峰值位移提高了8.5%；可以看出，采用外包角钢加固可以明显提高试件的承载力，预损程度的不同对加固效果的影响较大。

3.4.3.3 位移延性

由表 3-15 可以看出，各个试件经过外包角钢加固后延性系数均有提高，与对比试件 SRCJ-0 相比，直接采用外包角钢加固试件 SRCJ-0R 延性系数提高了 25.5%；经过轻度预损试件 SRCJ-1R 延性系数提高了 14.9%；经过中度预损试件 SRCJ-2R 延性系数提高了 7.1%；经过重度预损的试件 SRCJ-3R 延性系数提高了 5.9%；说明外包角钢加固可以提高试件的延性。随着损伤程度的增加，试件的延性系数逐渐降低。

3.4.3.4 刚度退化

采用割线刚度 K_i 来描述试件刚度退化情况，K_i 按照同一变形下的峰值荷载进行计算[2]。各试件刚度退化曲线如图 3-39 所示。由图 3-39 可知，外包角钢加固明显增加了试件的初始刚度，在加载初期，经外包角钢加固的试件刚度退化较 SRCJ-0 平缓，说明外包角钢加固可以延缓试件刚度的退化，对试件的抗震性能有一定的提高。经过严重损坏后加固的试件 SRCJ-3R 后期刚度退化与未加固试件 SRCJ-0 的退化趋势基本相同。

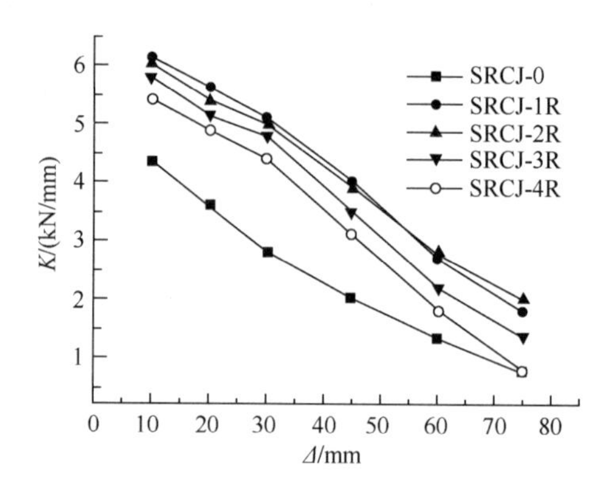

图 3-39 各试件刚度退化曲线

3.4.3.5 等效黏滞阻尼系数

各试件等效黏滞阻尼系数 h_e[2]如图 3-40 所示。

由图 3-40 可知，节点在塑性阶段前，等效黏滞阻尼系数 h_e 随着位移的增大而逐渐变大，经过外包角钢加固的试件等效黏滞阻尼系数 h_e 都比 SRCJ-0 大，说明外包角钢能有效增加试件的耗能能力；试件进入塑性阶段后，等效黏滞阻尼系数开始降低，试件耗能能力开始变弱。

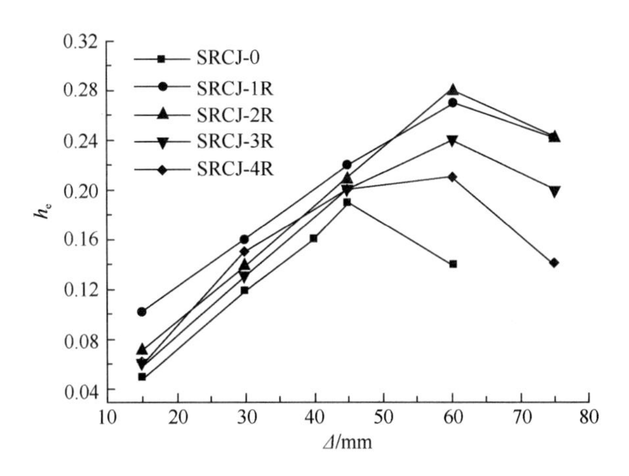

图 3-40 各试件等效黏滞阻尼系数

参 考 文 献

[1] 中华人民共和国住房和城乡建设部. 组合结构设计规范: JGJ 138—2016[S]. 北京: 中国建筑工业出版社, 2016.

[2] 中华人民共和国住房和城乡建设部. 建筑抗震试验规程: JGJ/T 101—2015[S]. 北京: 中国建筑工业出版社, 2015.

[3] 国家工业建筑诊断与改造工程技术研究中心. 碳纤维片材加固修复混凝土结构技术规程: CECS146: 2003[S]. 北京: 中国计划出版社, 2007.

[4] 赵根田, 曹芙波. CFRP 加固钢筋混凝土震损短柱的抗震性能研究[J]. 工程抗震和加固改造, 2010, 32(5): 86-87.

[5] 北京市规划和国土资源管理委员会. 建筑抗震加固技术规程: JGJ 116—2009[S]. 北京: 中国建筑工业出版社, 2009.

[6] 中华人民共和国住房和城乡建设部, 中华人民共和国国家质量监督检验检疫总局. 混凝土结构加固设计规范: GB 50367—2013[S]. 北京: 中国建筑工业出版社, 2014.

4 外包钢加固型钢混凝土框架结构抗震性能

4.1 外包钢加固震损型钢混凝土框架结构试验

4.1.1 试验概况

4.1.1.1 试件模型设计及材料特性

按照现行规范或规程的有关规定，按缩比 1/3 设计并制作 4 榀相同的两跨三层型钢混凝土框架结构模型，模型尺寸及配筋如图 4-1 所示。框架节点区域部位：柱的型钢上下贯通；梁的型钢水平断开，与柱内置型钢翼焊接。纵筋和箍筋分别采用 HPB300 和 HPB400；型钢骨采用 Q235 钢板焊接而成，柱型钢为 H125×125×6.2×9，梁型钢为 H125×60×6×8。

型钢混凝土框架结构模型采用C40商品混凝土同批次浇筑，并进行了为期28d的养护。在浇筑框架结构模型过程中，制作了同批次混凝土标准试块 9 个，试块与型钢混凝土框架结构模型在相同条件下养护，测得 28d 混凝土立方体抗压强度平均值为 44.5N/mm^2。

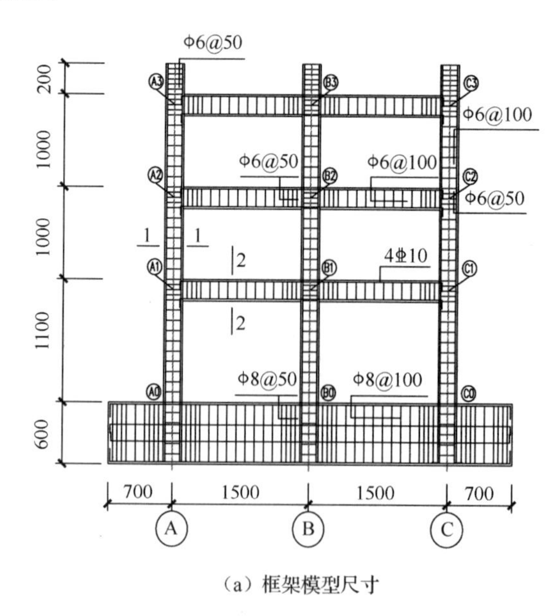

（a）框架模型尺寸

图 4-1 框架结构模型尺寸及配筋（尺寸单位：mm）

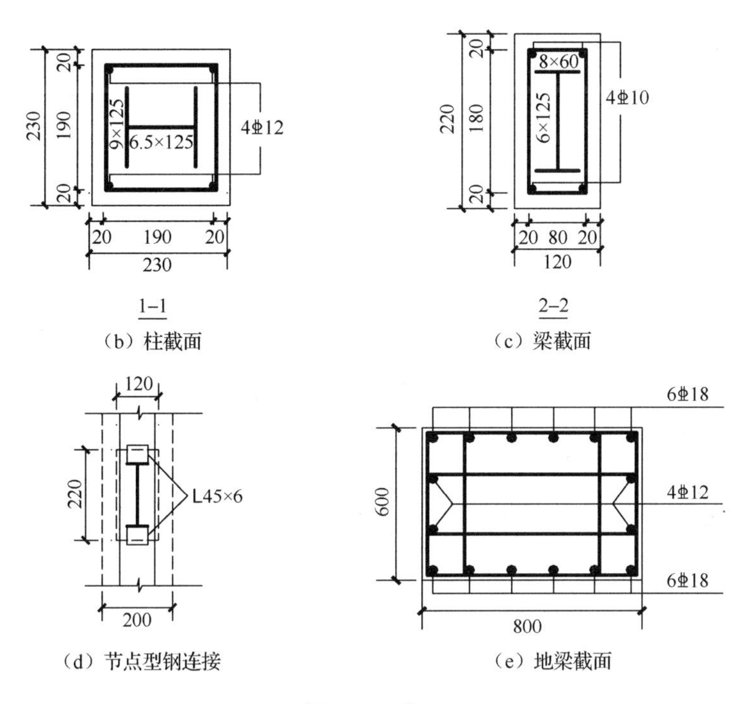

（b）柱截面

（c）梁截面

（d）节点型钢连接

（e）地梁截面

图 4-1 （续）

试件制作过程中，钢板需要预留拉伸试样，每种厚度制作 3 块，不同直径钢筋样品各取 3 根，依据《金属材料 拉伸试验 第 1 部分：室温试验方法》（GB/T 228.1—2010）测出钢板和钢筋屈服强度、极限强度和弹性模量。钢材力学性能实测值见表 4-1。

表 4-1 钢材力学性能实测值

材料类别	屈服强度 f_y/（N/mm^2）	极限强度 f_u/（N/mm^2）	弹性模量 E_s/（N/mm^2）
钢板（厚 6.5mm）	325.6	450.7	2.1×10^5
钢板（厚 8mm）	310.4	410.3	2.1×10^5
钢板（厚 9mm）	306.1	407.5	2.1×10^5
钢筋 ϕ6	323.9	437.3	2.1×10^5
钢筋 ϕ8	316.7	427.5	2.1×10^5
钢筋 Φ10	376.4	578.6	2.0×10^5
钢筋 Φ12	369.7	559.7	2.0×10^5
钢筋 Φ18	372.3	586.5	2.0×10^5

4.1.1.2 加载方式及装置

试验加载装置及加载制度详见 2.2.1.2 节。

4.1.1.3　试件模型地震损伤模拟

试验前，对试件 SF-2 和 SF-3 进行低周往复加载作用，模拟地震作用形成累积损伤。

试件 SF-2 模拟在中震时的中度损伤，位移角 1/100，控制最后一级加载时的顶端侧移 31mm；试件 SF-3 模拟在大震时的严重损伤，位移角 1/50，控制最后一级加载时的顶端侧移 62mm。

预损过程中，框架柱保持恒定的轴压力，以模拟框架结构的实际工作状态。

4.1.1.4　试件模型加固设计与施工

试件 SF-0 作为原型对比试件，没有损伤，也不进行加固，直接加载至破坏；试件 SF-1 没有经过预损加载，外包钢套加固后直接加载至破坏；试件 SF-2 和 SF-3 经过预损加载，卸载后外包钢套加固，再加载至破坏。试件模型加固方式见表 4-2。

表 4-2　试件模型加固方式

试件编号	预损顶端位移/mm	加载方式	备注
SF-0	—	不加固	—
SF-1	—	外包钢套加固	—
SF-2	31	外包钢套加固	中度预损
SF-3	62	外包钢套加固	重度预损

加固设计：依据试件受损程度，参考《建筑抗震加固技术规程》（JGJ 116—2009）和《混凝土结构加固设计规范》（GB 50367—2006）进行框架柱、框架梁和框架柱腿设计。为了分析对比，试件 SF-1、SF-2 和 SF-3 采用相同的加固措施。框架模型加固设计和加固现场如图 4-2 所示。

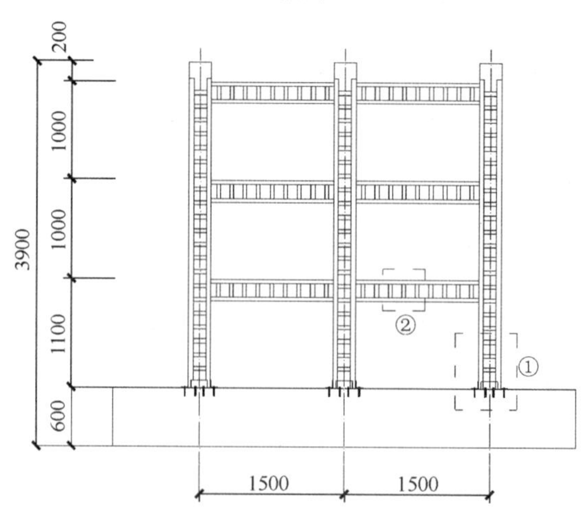

图 4-2　框架模型加固设计和加固现场（尺寸单位：mm）

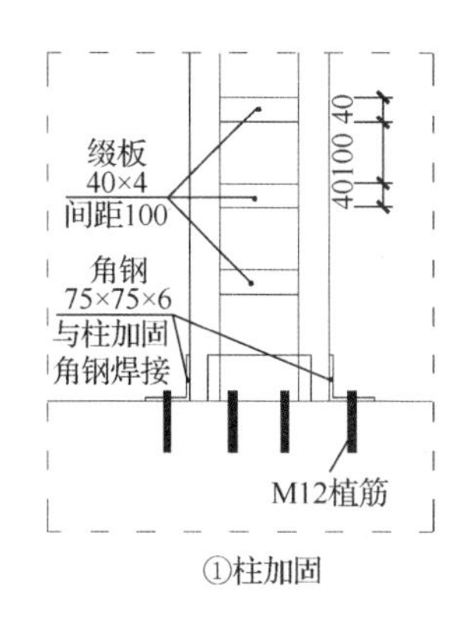

①柱加固

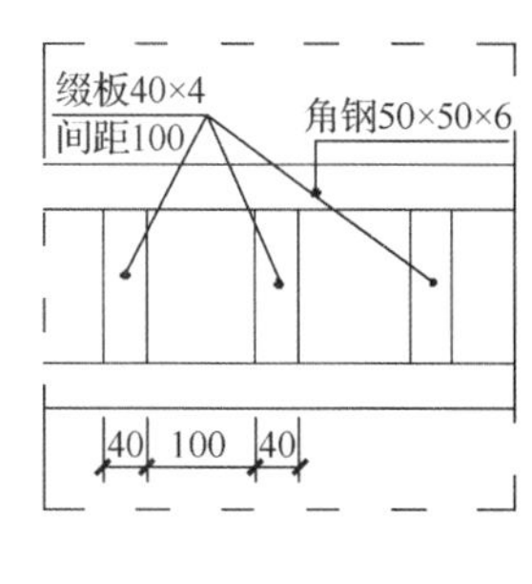

②梁加固

(a) 框架加固设计图

(b) 框架加固现场

图 4-2 (续)

外包钢加固施工步骤如下。

(1) 预处理。在设置角钢和钢板条之前，需要对柱的加固段表面进行清洁处理，保证柱表面整洁平整，为灌浆处理做好前置工。

(2) 架设外包钢。采用U形卡具固定好柱四周的角钢，并且在每个角钢处设置厚度1～3mm的小垫片，留出加固灌浆的空隙，随后采用钢板条将角钢固定。

(3) 灌浆。进行灌注前，应将钢套周围的缝隙采用封缝胶进行密封，并且在角钢或钢缀板上段留置四个灌浆口用于灌注粘钢胶。理论上，进行封缝处理后等待最少一天待封缝胶完全凝固后再进行灌注粘钢胶。

(4) 待粘钢胶完全凝固（至少一周）后进行试验。

4.1.1.5 测点布置及测试内容

试验测试主要内容如下。

(1) 顶点位移及层间位移：试验时，用三个位移计沿各层梁的中心线测出各层的绝对位移。水平往复荷载作动器直接输出，由计算机记录数据并绘制出荷载-位移曲线。

（2）应变测量，在各层梁端型钢上下翼缘处各贴两片应变片，量测梁塑性铰区受力变化，各层柱上下端的型钢翼缘各贴两片应变片，测量柱端受力变化，并在翼缘对应位置钢筋上贴一个应变片。节点核心区钢腹板贴应变花，应变花的方向分别为 0°、45°和 90°（与正方向 X 的夹角），利用这三个方向测出节点区的应变值。应变片布置如图 4-3 所示。

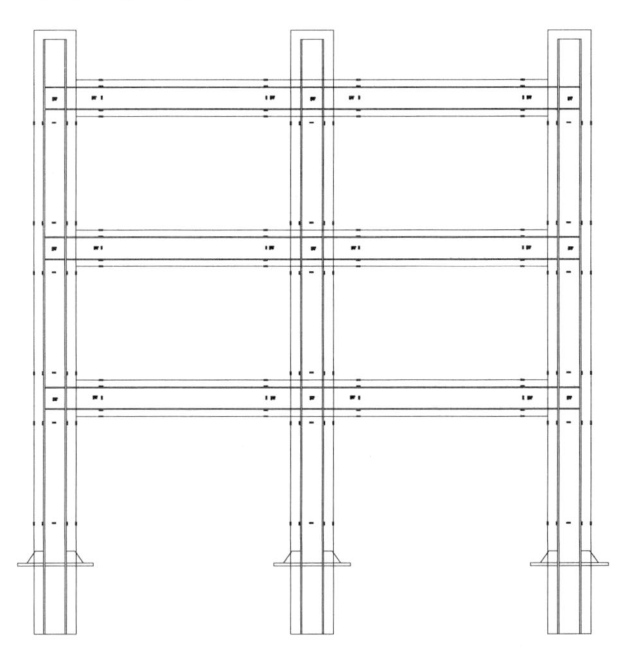

图 4-3　应变片布置

（3）观察和分析框架模型出现的裂缝：混凝土裂缝的产生对结构受力性能有很大影响，在加载过程中观察框架模型混凝土裂缝的出现情况有助于判断塑性铰出现的位置，也有助于分析整体框架结构的破坏机理及框架的核心部位，即柱角和节点核心区的受力情况。

（4）塑性铰出现顺序：型钢混凝土框架在进行低周反复荷载过程中，会经历塑性铰的形成和发展阶段。框架中梁柱的线刚度比，极限弯矩值会影响框架结构中塑性铰出现的顺序。在框架模型加载过程中需要判断塑性铰的出现并记录先后顺序。

4.1.2　试验现象及破坏形态

4.1.2.1　试件 SF-0 试验现象及破坏形态

将试件 SF-0 作为对比试件，不经过预损或加固，直接加载至破坏。

加载至 18.6mm(Δ_y)循环加载过程中，一层梁型钢翼缘和腹板应变超出屈服应变值。加载至 37.2mm($2\Delta_y$)循环加载过程中，大部分梁端出现塑性铰，混凝土裂缝延长增宽，一层梁混凝土保护层开始脱落，纵向钢筋屈服。加载至 55.8mm($3\Delta_y$)循环过程时，内置型钢进入塑性变形阶段，柱端形成塑性铰。加载至 74.4mm($4\Delta_y$)第一个循环时，正向加载试件承载力下降不明显；负向加载试件承载力下降明显。加载至 93mm($5\Delta_y$)循环加载过程中，荷载下降至峰值荷载 85%以下，停止加载。

4.1.2.2 试件 SF-1 试验现象及破坏形态

试件 SF-1 经外包钢加固，再加载至破坏。由于框架有外包钢套遮挡，在水平位移加载至−16mm 时，框架没有明显现象。水平位移 ±18.6mm 循环加载过程中，框架发出零星脆裂声，这表明外包钢钢与混凝土之间的结构胶在发生破坏，试件受到的损伤较小，可认为处于弹性阶段。水平位移加载至−37mm 时，脆裂声持续发生，并在梁端没有钢套处看到贯通裂缝。水平位移 ±55.6mm 循环加载过程中，梁端混凝土压碎严重，部分混凝土从钢套之间缝隙掉落，同时可以看到梁端钢套鼓曲变形，说明外包钢套与框架在整体受力，此时承载力达到最大值。水平位移加载至+93mm 时，梁端加固焊接的缀板被拉断，柱底混凝土压碎严重。水平位移至−111mm 时，承载力下降到峰值的 85%以下，停止试验，此时可以看到梁端、柱端钢套内混凝土很多被压碎，钢套包裹的核心区混凝土开裂严重，底层、二层梁端及柱底部都有缀板被拉断，且柱底部竖向角钢出现弯曲变形。

4.1.2.3 试件 SF-2 试验现象及破坏形态

试件 SF-2 预损至水平位移 31mm，卸载后经外包钢加固，再加载至破坏。水平位移至−18mm 时，偶尔可以听到脆裂声，此时结构胶开始发生破坏，此时可以看到原有裂缝并没有继续扩展。水平位移 ±37mm 循环加载过程中，脆裂声开始变得密集且响，原有的裂缝部分贯通且有新的裂缝产生。水平位移−56mm 时，胶体开裂声音巨大，梁、柱端混凝土局部压碎从缀板之间缝隙掉落，底层梁端加固钢套的焊缝断裂，此时试件承载力达到峰值。位移继续增加，在水平位移±74.4mm 循环加载过程中，由于梁柱交接处钢套焊缝断裂，承载力开始下降，节点核心区混凝土压碎脱落。水平位移达到+93mm 时，偶尔听到巨大的脆裂声，这是缀板与角钢的焊缝被拉断的声音，此时结构胶的脆裂声逐渐减少，说明大部分结构胶已经破坏。水平位移达−111mm 时，承载力下降到峰值的 85%以下，停止试验，此时梁端混凝土破坏严重，加固钢套变形较大角钢隆起，梁柱交接处焊缝破坏严重，柱底破坏较严重，缀板断裂，竖向角钢弯曲变形大，框架底部与底座链接的膨胀螺栓被拉弯，说明外包钢套在加载过程中发挥了很好的作用。

4.1.2.4　试件 SF-3 试验现象及破坏形态

试件 SF-3 预损至位移 62mm，卸载后经外包钢加固，再加载至破坏。水平位移+16mm 时，可以听见持续的脆裂声，原有经过修复的裂缝没有扩展，说明此时胶体能和试件一起受力。水平位移 ±18.6 循环过程时，同级位移经过三次循环后原有修复的裂缝重新开裂，并有新的裂缝产生。水平位移−37mm 时，梁端混凝土部分压碎并脱落，柱底裂缝增多，从缀板之间缝隙可以看到柱底裂缝往上发展并增大，同时伴有密集的脆裂声。水平位移 ±55.6mm 循环加载过程中，梁端横向角钢与柱竖向焊接的角钢焊缝断裂，梁柱节点混凝土压碎严重，柱底竖向角钢弯曲，承载力在此级位移加载达到最大。当水平位移增加+75mm 时，试件承载力退化明显，此时外包钢套对试件加固作用开始减退。位移达+93mm 时，底层梁端与柱焊接处基本都断裂，上层梁端部分缀板被拉断，柱底混凝土破坏严重，缀板断裂较多，竖向角钢变形较大。水平位移−105mm 时，柱底角钢弯曲严重，部分膨胀螺栓被拔出混凝土底座，框架变形过大无法承受竖向荷载，停止试验。此级位移加载时混凝土基本不起作用，可认为是框架内部型钢和外部加固钢套在起作用。最终可以看到，框架破坏严重，框架发生平面外倾斜，在水平推力恢复到零时，试件无法恢复到竖直状态，由于框架内部型钢以及外部钢套的作用，框架结构没有倒塌。加固型钢混凝土框架结构破坏形态如图 4-4 所示。

（a）梁端连接处加焊外包钢板基本断裂

（b）节点混凝土呈现X形裂缝

（c）梁端下翼缘连接处加焊钢板断裂

（d）梁端上翼缘连接处加焊钢板断裂

图 4-4　加固型钢混凝土框架结构破坏形态

对比试件SF-0～SF-3加载过程的裂缝发展模式和最终破坏形态，各试件均表现良好的受力性能。在低周往复荷载作用下，框架梁损伤较为严重，且下部比上部损伤严重。梁铰先于柱铰出现，框架结构破坏机制表现为梁铰破坏机制。中度预损试件SF-2和重度预损试件SF-3通过外包钢套的合理加固，都表现出与原型对比试件SF-0相似的受力破坏特征，但是其节点混凝土压碎严重，加固设计时应予以加强。

4.1.3 试验结果及分析

4.1.3.1 滞回曲线

由于型钢混凝土框架结构组成材料（如混凝土、型钢、纵筋和箍筋）具有明显的弹塑性性质，对试件施加荷载超过一定数值进行卸载，将产生残余变形。由于残余变形的存在，试件将无法恢复到施加荷载时的初始状态，称这种现象为滞后现象。这样经过一个荷载循环，荷载-位移曲线就形成了一个滞回封闭环，多个滞回环就组成了滞回曲线。滞回曲线反映了型钢混凝土框架结构在低周反复荷载作用过程中的侧移、刚度退化、承载力退化等特性，是确定框架结构恢复力模型和进行非线性地震模型分析的重要依据。滞回曲线一般受到试件中配置的钢材屈服、剪切变形、钢材与混凝土滑移等综合因素影响。

各试件荷载-位移滞回曲线如图4-5所示，可以看出以下几点。

（1）对比试件SF-0和加固试件SF-1～SF-3在水平加载初期，水平荷载-顶点侧移基本呈线性关系。滞回曲线细长狭窄，包围面积很小。在往复加载过程中，刚度退化不明显，残余变形很小，试件处于弹性阶段。试件开裂以后，滞回环开始呈现反S形状。随着荷载的逐级增加，滞回曲线向位移方向倾斜，所包围的面积不断增加。随着荷载的增大，试件整体刚度退化比较明显，显示型钢混凝土框架结构整体进入非线性阶段。

（2）试件屈服进入弹塑性阶段，水平加载每一级位移量级都循环了三次。由图4-5可以看出，在同一位移量级下，下一循环滞回环比上一循环滞回环所包围面积都略有减小，显示了试件耗能能力在退化。这种退化现象反映了累积损伤对型钢混凝土框架结构受力性能的影响。

（3）试件达到极限荷载后即进入破坏阶段，随着每级加载位移的增大，荷载开始下降，但下降幅度相对不大，反映对比试件SF-0和加固试件SF-1～SF-3均具有相对较好的延性性能。

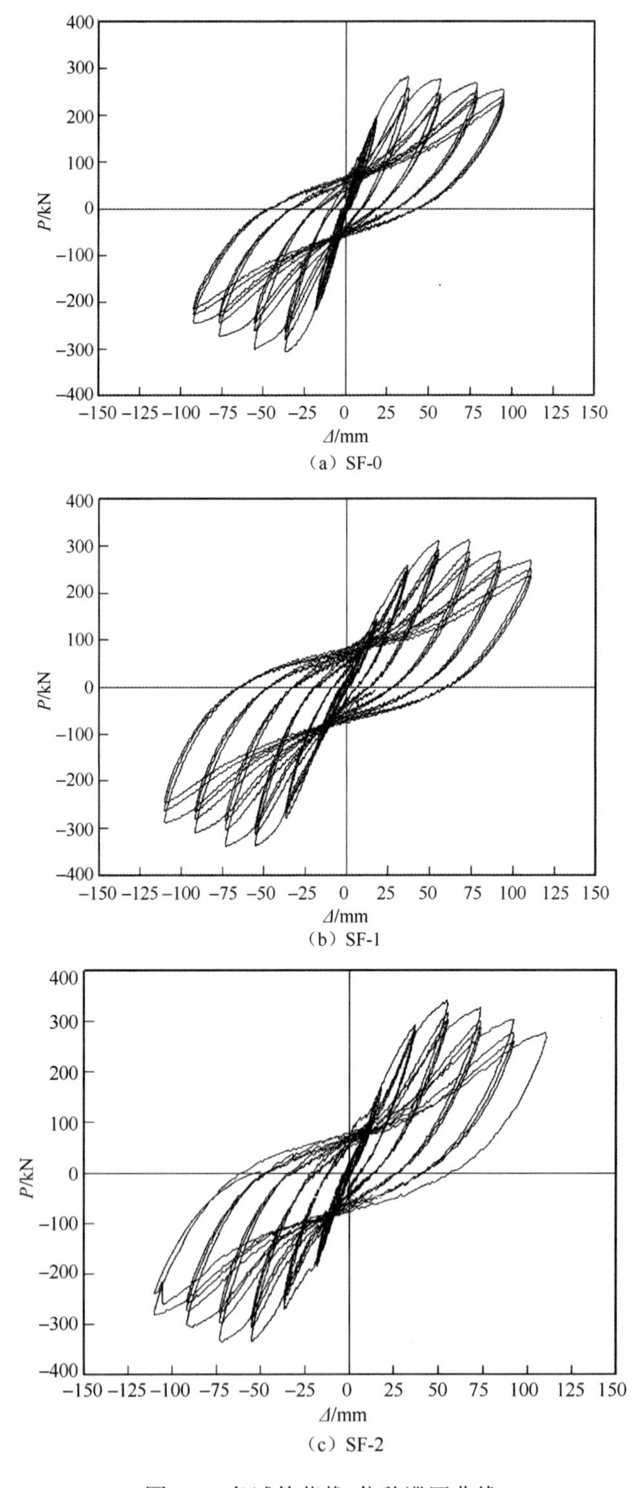

（a）SF-0

（b）SF-1

（c）SF-2

图 4-5　各试件荷载-位移滞回曲线

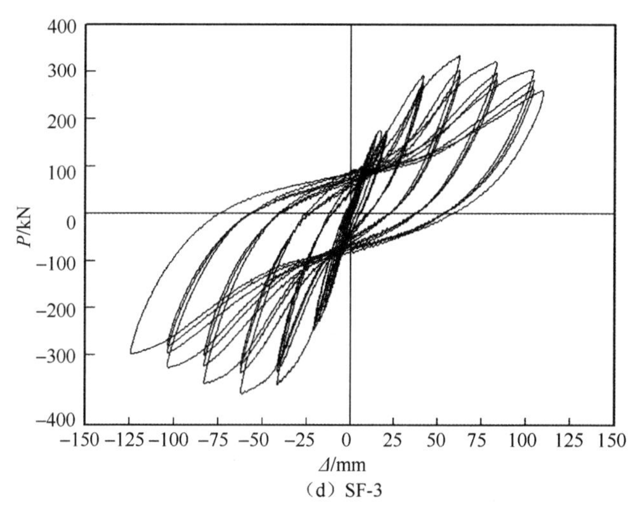

（d）SF-3

图 4-5 （续）

（4）加固试件 SF-1～SF-3 滞回环与位移轴包围的面积明显大于对比试件 SF-0，说明经外包钢对型钢混凝土框架结构的加固修复能够有效提高其延性性能和耗能能力，使试件具有良好的抗震性能。由于试件配置钢材与混凝土之间存在滑移，以及预损后混凝土遭受不同程度的损伤，所以加固试件 SF-2～SF-3 滞回曲线均有不同程度的捏缩现象，但是其极限位移均明显提高，说明外包钢加固型钢混凝土框架结构可以明显提高试件整体延性性能。试件 SF-3 相对对比试件 SF-0 虽然极限位移提高不明显，但是滞回曲线总体来说相对饱满，滞回面积有所增加，说明损伤在一定范围内，破坏较严重的型钢混凝土框架结构，经外包钢加固后整体抗震性能仍能得到恢复，满足抗震设计要求。

4.1.3.2　骨架曲线

将滞回曲线上同向各次加载的荷载极值点依次相连得到的包络曲线称为骨架曲线。它是每次循环加载达到的水平力最大峰值的轨迹，反映了试件受力与变形的各个不同阶段及特性（强度、刚度、延性、耗能及抗倒塌能力等），也是确定恢复力模型中特征点的重要依据。

为便于比较分析，将试件 SF-0～SF-3 滞回曲线连成相应的骨架曲线，并绘于同一图中（图 4-6）。由图 4-6 可以看出以下几点。

（1）试件 SF-0～SF-3 在恒定柱轴力和试件水平低周往复荷载作用下骨架曲线均经历了直线上升、曲线上升和衰减三个阶段，与试件发展的弹性阶段、弹塑性阶段和破坏阶段相对应；骨架曲线均没有明显的屈服拐点，说明试件屈服是一个逐渐发展的过程。

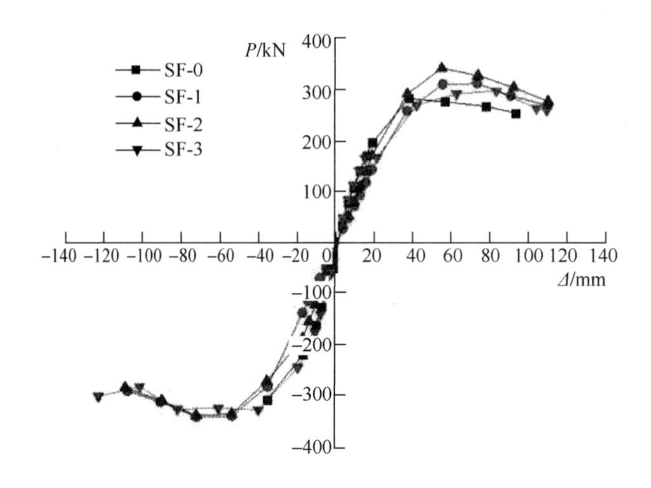

图 4-6　水平荷载-骨架曲线

（2）加固试件 SF-1 承载力明显高于对比试件 SF-0，说明外包钢加固可以提高其承载力；加固试件 SF-2、SF-3 承载力低于加固试件 SF-1，但高于对比试件 SF-0，说明外包钢加固试件承载力提高程度与试件的损伤程度有关。损伤程度小的试件，经外包钢加固修复后其承载力提高较大；损伤程度较严重的试件，经外包钢加固修复后其承载力可以恢复到对比试件水平甚至更高。

（3）试件屈服前，各试件刚度比较接近，说明外包钢尚没有完全参与共同工作；试件屈服后，加固试件 SF-1～SF-3 承载力和刚度都较对比试件 SF-0 有不同程度提高，说明外包钢对型钢混凝土框架结构的加固作用主要在试件屈服后表现出来。

（4）加固试件 SF-1～SF-3 极限位移均大于对比试件 SF-0，说明外包钢加固修复可以提高试件的延性。

4.1.3.3　延性系数和承载能力

延性是指构件或结构屈服后，具有承载能力不降低或基本不降低且有足够塑性变形能力的一种性能，一般用延性系数表示延性，即塑性变形能力。

框架结构延性系数μ通过框架结构分别处于屈服和破坏状态下的框架结构顶点位移进行计算，计算式可以表示为

$$\mu=\Delta_u/\Delta_y \tag{4-1}$$

式中，Δ_y、Δ_u 分别为型钢混凝土框架结构在屈服荷载和破坏荷载作用下的顶点位移。

由于型钢混凝土框架结构荷载-位移骨架曲线没有明显的转折点，本节中屈服位移Δ_y取 P-Δ 骨架曲线弹性段延长线与过峰值点的切线交点处的位移，P_{max} 取最大水平承载力，P_{max} 对应的位移为极限位移Δ_{max}，破坏位移Δ_u 取承载力下降到

$0.85P_{max}$时对应的位移。由表 4-3 可以看出：

（1）在试件没有震损情况下，经外包钢加固试件 SF-1 的延性系数比对比试件 SF-0 延性系数有较大幅度提高，提高值为 29.9%，说明经外包钢加固能有效提高型钢混凝土框架结构的整体延性。

（2）震损试件经外包钢加固试件 SF-2 和 SF-3 延性系数比没有震损加固试件 SF-1 延性系数小，说明震损存在会降低试件的延性，随着损伤程度的增大，顶点位移延性系数值下降程度越大。

（3）震损试件 SF-2 和试件 SF-3，经外包钢加固修复后，其延性系数均高于对比试件 SF-0，说明外包钢加固型钢混凝土框架结构能恢复震损试件的整体延性。

表 4-3 试件延性系数及耗能指标

试件编号	Δ_y/mm		Δ_u/mm		平均值/mm		$\mu=\Delta_u/\Delta_y$
	正向	反向	正向	反向	Δ_y	Δ_u	
SF-0	20.5	19.6	93.0	91.9	20.1	92.5	4.61
SF-1	20.7	20.4	124.5	123.7	20.6	124.1	6.03
SF-2	18.6	18.5	110.4	110.2	18.6	110.3	5.95
SF-3	19.1	18.8	110.7	109.3	19.0	110.0	5.80

由表 4-4 可以看出，外包钢加固型钢混凝土框架结构最大承载力 P_{max} 虽都有一定程度的提高，但最大提高值为 22.1%，说明外包钢加固型钢混凝土框架结构对其承载力提高作用有限；加固型钢混凝土框架结构极限位移Δ_{max}显著提高，最大提高值为 67.7%。即使重度损伤的型钢混凝土框架结构，经外包钢加固修复后极限位移提高平均值为 49.0%，说明外包钢加固震损型钢混凝土框架结构对其延性提高显著。初始损伤对试件最大承载力影响并不显著，但初始损伤小的型钢混凝土框架结构，加固修复后极限位移提高相对较大，加固效果越好。

表 4-4 试件 P_{max} 和Δ_{max}对比

试件编号	加载方向	P_{max}/kN	P_{max}提高值/%	Δ_{max}/mm	Δ_{max}提高值/%
SF-0	正向	283.0	—	37.4	—
	负向	305.8	—	36.4	—
SF-1	正向	335.7	18.6	61.3	63.9
	负向	383.5	25.5	62.4	71.4
SF-2	正向	333.4	17.8	55.6	48.7
	负向	341.5	11.7	55.3	51.9
SF-3	正向	310.5	9.7	55.0	47.1
	负向	337.4	10.3	54.9	50.8

4.1.3.4 耗能能力分析

试件在往复荷载作用下，不断吸收与释放能量，释放与吸收能量之差就称为能量消耗，在滞回曲线上就表现为一次循环往复荷载作用下滞回曲线包围的面积。通常用等效黏滞阻尼系数 h_e 来判断构件耗能能力的大小。等效黏滞阻尼系数 h_e 越大，试件的耗能能力就越大。

等效黏滞阻尼系数 h_e 为

$$h_e = \frac{1}{2\pi} \cdot \frac{S_{(\triangle ABC+\triangle CDA)}}{S_{(\triangle OBE+\triangle ODF)}} \tag{4-2}$$

式中，$S_{(\triangle ABC+\triangle CDA)}$ 为一个滞回环的面积，如图 4-7 所示阴影部分面积；$S_{(\triangle OBE+\triangle ODF)}$ 为滞回环上下两侧最大水平荷载与最大水平位移点相对应的三角形面积。

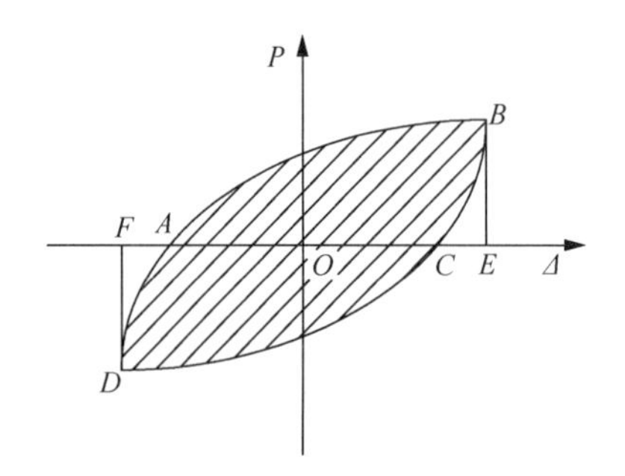

图 4-7 滞回环与能量耗散

各试件在屈服阶段、峰值阶段和破坏阶段的总耗能量、能量耗散系数及等效黏滞阻尼系数见表 4-5。表 4-5 中，E_{sum} 为试件总耗能，E 为试件能量耗散系数。

表 4-5 试件不同阶段的耗能

试件编号	屈服阶段			峰值阶段			破坏阶段		
	E_{sum}/（kN·mm）	E	h_e	E_{sum}/（kN·mm）	E	h_e	E_{sum}/（kN·mm）	E	h_e
SF-0	12 102	0.82	0.13	19 617	0.94	0.15	31 478	0.96	0.16
SF-1	12 102	0.83	0.13	16 016	1.24	0.20	21 502	1.15	0.18
SF-2	9 573	0.62	0.10	19 494	1.23	0.19	22 506	1.12	0.18
SF-3	15 744	0.75	0.11	18 518	1.60	0.25	27 436	1.05	0.17

由表 4-5 可以看出以下几点。

（1）试件 SF-0～SF-3 不同阶段耗能能力对比：各试件总耗能 E_{sum}、能量耗散系数 E 以及等效黏滞阻尼系数 h_e 都在增大，这主要是因为在水平荷载作用下混凝土被压碎，外包钢破坏，随着水平位移的增大，塑性铰不断发展，塑性铰在发展过程中消耗大量的能量。当试件加载到破坏阶段时，由于塑性铰的显著发展，试件总耗能、能量耗散系数和等效黏滞阻尼系数都显著增大。

（2）不同试件同一阶段耗能能力对比：①屈服阶段，各试件总耗能、能量耗散系数以及等效黏滞阻尼系数都比较接近。试件 SF-1 与对比试件 SF-0，三个耗能指标几乎完全相等，而试件 SF-2 和试件 SF-3 三项系数略小于对比试件 SF-0，这主要是由于加载初期，外包钢发挥作用不充分；试件 SF-2 和试件 SF-3 因为有初始损伤，耗能能力略有减小。②峰值阶段，此时试件已经屈服，外包钢已开始发挥作用，各加固试件 SF-1～SF-3 耗能能力增长明显高于对比试件 SF-0，说明外包钢加固型钢混凝土框架结构有助于提高其耗能能力。③破坏阶段，此时外包钢完全发挥作用，加固试件 SF-1～SF-3 耗能能力提高较为明显。

（3）加固试件 SF-1～SF-3 耗能能力对比：试件 SF-1 耗能能力明显优于试件 SF-2 和试件 SF-3，其中试件 SF-3 耗能能力相对最低，说明外包钢对型钢混凝土框架结构耗能能力的提高度与试件初始损伤程度有关。初始损伤程度越小的试件，外包钢加固后耗能能力越显著。

（4）屈服阶段外包钢发挥作用较小时，试件 SF-3 耗能能力要小于对比试件 SF-0；峰值阶段和破坏阶段，试件 SF-3 耗能能力增长明显快于试件 SF-0，最终试件 SF-3 耗能能力优于对比试件 SF-0，说明外包钢加固可以使初始损伤严重试件耗能能力恢复甚至超过原试件。

（5）破坏阶段各试件的等效黏滞阻尼系数在 0.16～0.18 之间，离散性不大。

综上所述，初始损伤程度是影响外包钢加固性能的重要因素。初始损伤严重的试件经外包钢加固后的抗震性能明显低于初始损伤轻的试件，初始损伤程度对加固试件的延性和耗能能力影响更为明显。

4.1.3.5 承载力退化

为了反映试件的承载力退化情况，引入承载力退化系数λ_i。λ_i为每级控制位移下第三次循环中最大水平荷载与第一次循环的最大水平荷载的比值。根据图 4-5 作出的各试件承载力退化曲线如图 4-8 所示。由图 4-8 可以看出以下几点。

（1）随着加载位移的不断增大，各试件承载力退化系数λ_i总体来说呈下降趋势。这主要是因型钢混凝土框架结构累积损伤所致，主要体现在型钢混凝土框架结构底层柱端部塑性铰的不断发展。试件 SF-0 衰减最为严重，基本呈直线下降趋势。加固试件 SF-1～SF-3 在柱顶水平位移达到结构屈服之后才开始衰减加速，但衰减要慢于对比试件 SF-0，表明外包钢加固能延缓试件承载力衰减，表现出明显的延性破坏特征。

（2）加固试件 SF-1～SF-3 承载力退化曲线趋势基本一致，并未发生明显的突变现象，说明外包钢加固型钢混凝土框架结构的可靠性。

（3）加固试件 SF-1～SF-3 承载力退化曲线均表现出一定的起伏现象，这主要是由于试件有一定的变形后外包钢才会发挥约束作用，说明外包钢是逐渐参与工作并改善试件的承载力。

（4）试件初始损伤程度越大，加固后承载力退化越快。由于外包钢加固并未修复试件伤，损伤依然存在。重度损伤后试件存在残余变形，加固质量难以保证，越到加载后期，试件累积损伤越严重，承载力退化更快。

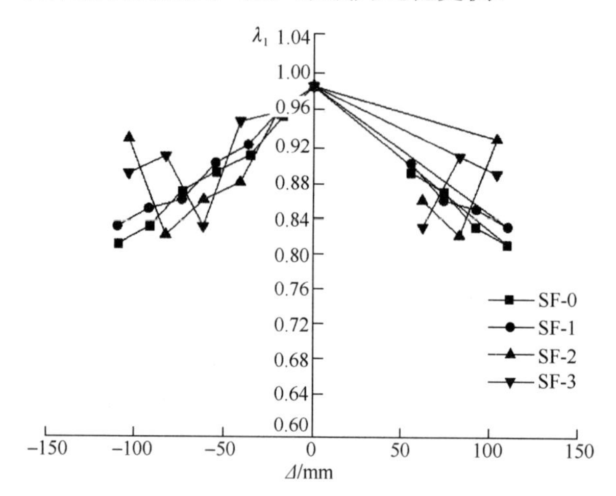

图 4-8　各试件承载力退化曲线

4.1.3.6　刚度退化

刚度退化通过试件在不同位移延性系数时的割线刚度 K_i 来描述。K_i 按照同一级加载第一次循环的峰值荷载进行计算。试件在弹性阶段刚度基本保持不变。试件弹性阶段后的刚度作为研究对象，各试件刚度退化曲线如图 4-9 所示。

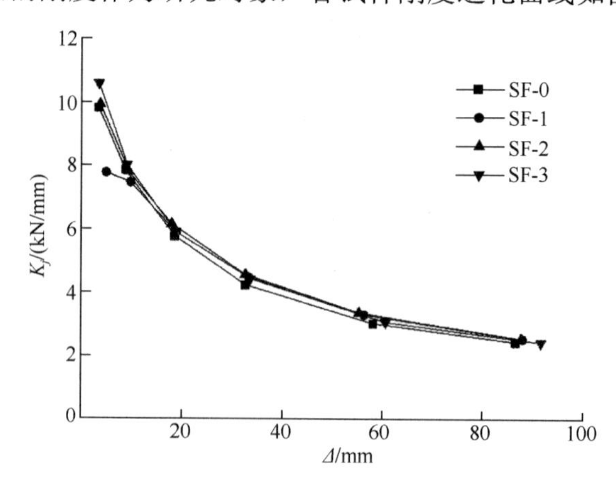

图 4-9　各试件刚度退化曲线

由图 4-9 可以看出以下几点。

（1）所有试件 SF-0～SF-3 整体刚度在加载过程中，随着水平位移的增加，割线刚度不断减小；开始时曲线斜率较陡峭，后期逐渐趋于平缓，退化规律接近。这说明试件刚度退化到一定程度后随着位移的继续增加，刚度退化很小，虽然此时结构刚度较小，但仍能承受一定的荷载。比较加固试件 SF-1～SF-3，损伤程度越大，初始刚度越小，但加固试件刚度均大于对比试件 SF-0，说明外包钢加固能有效提高震损型钢混凝土框架结构的初始刚度。

（2）试件开裂后，刚度迅速下降。由于型钢混凝土框架梁出现塑性铰，荷载增长的速率低于位移增长的速率，刚度逐渐放缓下降速度。随着加载的继续，各循环试件累积残余变形不断扩大，又有多个框架梁形成塑性铰，当试件达到最大荷载后，刚度下降极为缓慢，这有利于试件能量的吸收和释放，可有效阻止试件坍塌。

（3）加固试件 SF-1～SF-3 刚度退化要稍微慢于对比试件 SF-0，弹塑性变形过程中发展相对平稳，说明外包钢加固可以延缓试件刚度退化，使框架柱塑性铰发展较缓慢，有利于吸收和释放地震能量，使其在经受地震时保持应有的承载能力。

（4）试件 SF-1 和试件 SF-2 的刚度退化系数相差并不多，反映出试件的初始损伤对加固后的刚度并没有明显的影响。

4.2　型钢混凝土框架结构抗震性能数值模拟及参数分析

4.2.1　有限元模型的建立

4.2.1.1　纤维单元

随着各国科研人员对 OpenSEES 单元库的不断填充，目前已有多达 73 种单元以满足各种模拟需求。其中用来模拟框架最常用的宏观单元有：塑性铰梁柱单元、基于刚度法的梁柱纤维单元以及基于柔度法的梁柱纤维单元。刚度法采用三次 Hermit 多项式插值，不能很好地表示端部屈服后曲率的分布，且计算效率低。塑性铰梁柱单元虽然模拟结果较为满意但是需要事先估计塑性铰长度，增加了模拟过程。故本节采用基于柔度法的梁柱纤维单元（nonlinear beam column element），该单元能够较好地模拟框架结构，且计算易收敛，精度高。

据经验，各构件取用一个单元，不细分足够满足精度要求，并考虑 $P\text{-}\Delta$ 效应。单元的刚度和抗力是由截面的刚度和抗力沿杆长积分得到的，显然不可能对全部的截面积分，只能通过插值积分部分积分点，本研究选用三个积分点，分别在杆端与中部。对于纤维截面的划分，文献[1]指出细分到 40 个截面左右便能达到足够的计算精度。

4.2.1.2　本构模型

对于型钢混凝土组合结构，需要考虑三类材料：混凝土、型钢和钢筋。郑山锁等[2]采用精细化建模，把复合截面束混凝土部分划分为三个部分：箍筋以外的无约束区、型钢翼缘包围下的强约束区和剩余的弱约束区（图 4-10）。但是峰值强度的提高只考虑箍筋的作用并未涉及型钢，故低估了核心混凝土强度的提升。故本节采用间接方法，适当增加了弱约束区的范围，即忽略混凝土保护层这一层次的划分。在强约束区采用了 Mander 约束模型，其约束系数计算取值要大于修正的 Kent-Park 模型。在弱约束区采用修正的 Kent-Park 模型，以体现约束强弱之分。对于型钢和钢筋部分，已有的本构模型已经能够较好地模拟其滞回全过程。

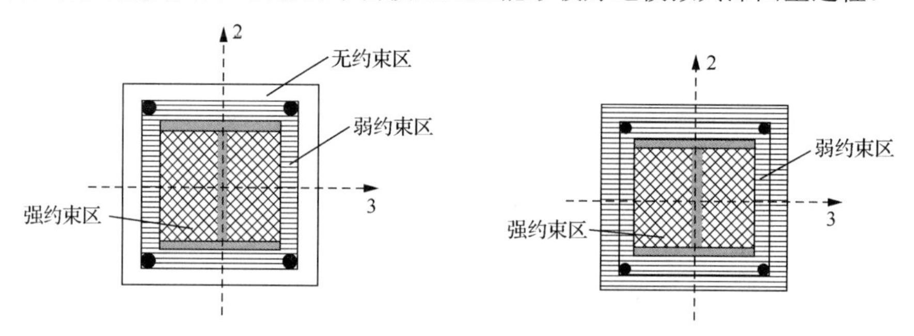

图 4-10　型钢混凝土柱截面划分

Mander 等[3]和 Sheikh 等[4]通过对钢筋混凝土柱的试验研究发现箍筋的配置对核心混凝土具有侧向的约束作用，可以显著提高混凝土的强度和刚度。合理地考虑核心混凝土强度的提升是保证结构非线性地震反应分析的基础。Mander 等在 1988 年提出了 Mander 约束混凝土模型[3]，该模型通过计算箍筋的有效约束力，并利用极限强度准则来计算约束混凝土的峰值应力。在 Mander 模型的基础上 OpenSEES 开发了 concrete04 混凝土模型。对于强约束区，采用 Mander 模型（concrete04），具体见文献[2]。

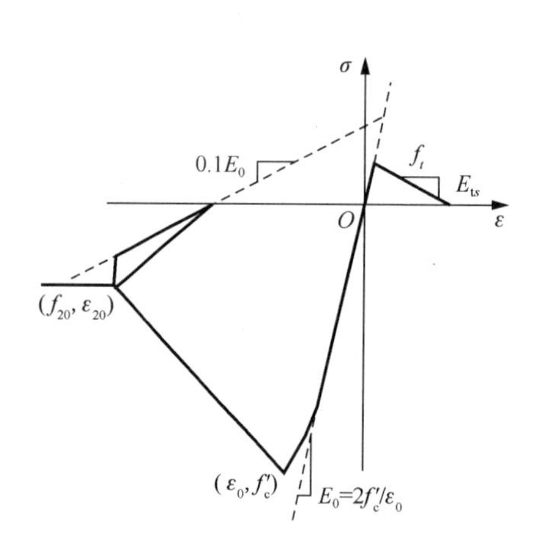

图 4-11　混凝土应力-应变关系

对于弱约束区，本书采用 OpenSEES 自带的 concrete02 本构模型，其应力-应变关系如图 4-11 所示。该模型以修正的 Kent-Park 模型为基础，通过修改峰值、应力-应变值和软化段的斜率来考虑箍筋的横向约束作用，其受拉段简化为直线，受压段分为三段描述如下。

上升段：$\varepsilon_c \leqslant \varepsilon_0$　　$\sigma_c = Kf_c'\left[2\left(\dfrac{\varepsilon_c}{\varepsilon_0}\right)-\left(\dfrac{\varepsilon_c}{\varepsilon_0}\right)^2\right]$　　（4-3）

下降段：$\varepsilon_0 \leqslant \varepsilon_c \leqslant \varepsilon_{20}$　　$\sigma_c = Kf_c'\left[1-Z(\varepsilon_c-\varepsilon_0)\right]$　　（4-4）

上升段：$\varepsilon_c > \varepsilon_{20}$　　$\sigma_c = 0.2Kf_c'$　　（4-5）

其中

$$\varepsilon_0=0.002K \qquad K=1+\frac{\rho_s f_{yh}}{f_c'}$$

$$Z=\frac{0.5}{\dfrac{3+0.29f_c'}{145f_c'-1000}+0.75\rho_s\sqrt{\dfrac{h'}{s_h}}-0.002K}$$

式中，ε_0为混凝土应力峰值对应的应变；ε_{20}为混凝土应力下降到20%的峰值应力时对应的应变；K为核心混凝土强度提高系数；Z为应变软化段的斜率系数；f_c'为混凝土圆柱体抗压强度，取$f_c'=0.79f_{cu,k}$，$f_{cu,k}$为混凝土立方体抗压强度，取试验实际测量值44.5 N/mm^2；ρ_s为箍筋的体积配筋率；f_{yh}为箍筋的屈服强度（MPa）；s_h为箍筋间距（mm）；h'为箍筋的肢距（mm）。

混凝土材料输入的相关参数取值见表4-6。

表4-6　相关参数取值

构件	区域	f_c'/MPa	f_u/MPa	K	ε_0	ε_u	E_c
柱	强约束区混凝土	35.2	—	1.32	0.0052	0.0348	29 665
	弱约束区混凝土	35.2	7.9	1.17	0.0023	0.0170	—
梁	强约束区混凝土	35.2	—	1.24	0.0044	0.0389	29 665
	弱约束区混凝土	35.2	8.0	1.18	0.0024	0.0180	—

注：“—”为程序自动计算参数。

型钢和纵筋统一采用Giuffre-Menegotto-Pinto的钢材本构关系[5]（Steel02，见图4-12），该模型计算公式简洁，与钢筋试验结果吻合度高，且可以考虑包辛格（Bauschinger）效应。不同于钢筋混凝土结构，型钢在SRC组合结构的受力性能上发挥了很大作用，故适当考虑钢材的特性有利于模拟的准确性。本构模型可表示如下：

$$\sigma^*=b\varepsilon^*+\frac{(1-b)\varepsilon^*}{(1+\varepsilon^{*R})^{1/R}} \tag{4-6}$$

其中

$$\sigma^*=\frac{\sigma-\sigma_r}{\sigma_0-\sigma_r} \qquad \varepsilon^*=\frac{\varepsilon-\varepsilon_r}{\varepsilon_0-\varepsilon_r} \tag{4-7}$$

$$R = R_0 - \frac{a_1\xi}{a_2 + \xi} \qquad \xi = \left|\frac{\varepsilon_m - \varepsilon_0}{\varepsilon_y}\right| \tag{4-8}$$

式中，σ^*和ε^*分别为归一化应力、应变值；R 为过渡曲线曲率系数；b 为钢材的硬化系数；σ_0和ε_0分别为包络线屈服处对应值；σ_r和ε_r分别为反向加载点处对应值；ξ为应变历史上的最大应变参数；R_0为初始加载时曲线的曲率系数，OpenSEES建议取 10～20，结合试验结果，对于型钢混凝土组合结构，本书建议 R_0取 10。其他需要填入 OpenSEES 的材料参数均取材料试验值。

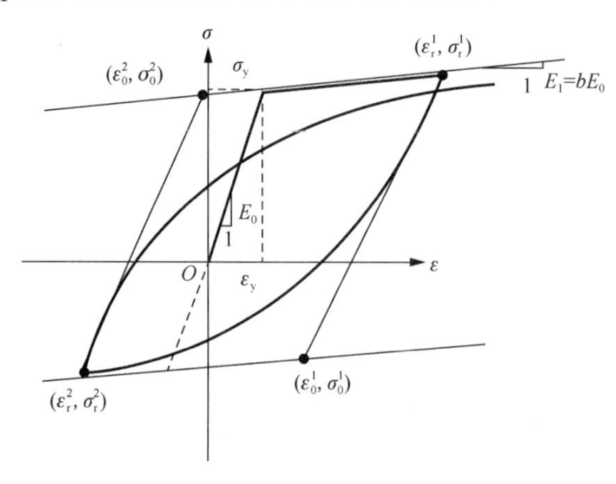

图 4-12　钢材本构

4.2.1.3　计算分析参数选取

采用 RCM 编号自由度，优化节点排序，提高计算效率；约束边界采用一般处理；矩阵带宽处理采用 UmfPack；采用 Newton 法进行迭代计算[6]。使用能量准则进行收敛，容差取 10^{-7}，最大迭代步为 200。轴向荷载以荷载控制，分为 10 步进行，水平荷载按位移控制，其加载制度如图 4-13 所示。采用以上参数设置能够高效完成各个模型计算，基本每次计算控制在 3～5min。

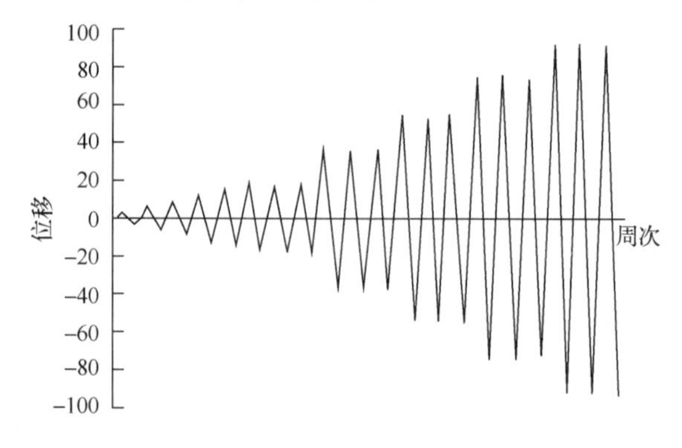

图 4-13　水平荷载加载制度

4.2.2 有限元模拟结果分析

OpenSEES 模拟和试验所得结果如图 4-14 和图 4-15 所示。其中，图 4-14 为 SRC 框架滞回曲线对比。图 4-15 为骨架曲线对比。各个特征点比较数据列于表 4-7 中（取正反平均值）。

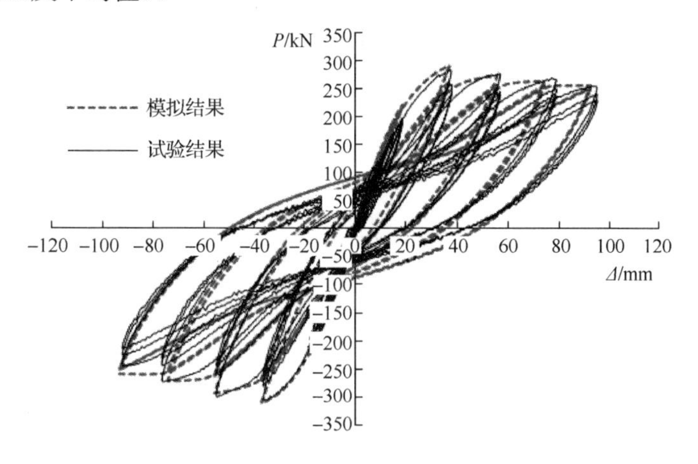

图 4-14 SRC 框架滞回曲线对比

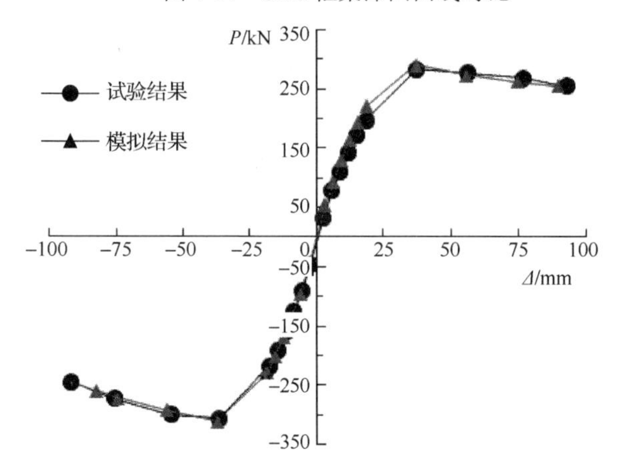

图 4-15 骨架曲线对比

（1）对比试验和 OpenSEES 所得滞回曲线（图 4-14）表明，数值模拟所得滞回曲线形状，加卸载刚度均与试验结果吻合，说明采用本节方法模拟的 SRC 框架承载力具有较好的预测精度。无论是滞回环的面积还是加卸载曲线的斜率都有较好的吻合度，说明本节所用模型能够较好地模拟 SRC 框架结构在低周往复荷载作用下的滞回特性。但是模拟滞回曲线比试验曲线略显饱满，框架承载力退化慢，尤其是在后期同一位移幅度下，强度的退化并不明显。

（2）根据图 4-15 和各个特征点比较结果（表 4-7）可以看出，无论是屈服荷载、极限荷载和破坏荷载，还是屈服位移、极限位移和破坏位移，其误差都在 10%以内。这说明考虑核心混凝土强度和刚度的提升以及型钢包辛格效应后的模型能够很好地模拟 SRC 框架组合结构。但是，数值模拟结果的初始刚度试验结果比较对称，而试验结果反向后刚度不及原来，同时破坏位移模拟值也小于试验值，可能是由于未考虑材料初始缺陷以及试验时人为误差造成。

表 4-7 顶层水平荷载于相应位移的试验值和模拟值

方法		试验	OpenSEES	相对误差
屈服荷载	P_y/kN	207.09	224.61	−8.46%
	Δ_y/mm	18.16	18.60	−2.42%
峰值荷载	P_m/kN	294.38	300.68	−2.14%
	Δ_m/mm	36.92	37.20	−0.76%
破坏荷载	P_u/kN	249.81	257.39	−3.03%
	Δ_u/mm	92.45	86.25	6.71%

通过图 4-17 可以看出，模拟结果和试验值还是存在一定误差，主要原因有：①未考虑型钢和混凝土之间的黏结滑移作用[7]，且未能考虑剪切应力，高估了 SRC 框架结构的抗震性能；②材料本构模型是在精确性和简化性上的一种良好权衡，但是仍然存在一定的误差，如 OpenSEES 中采用 Yassin 提出的混凝土滞回法则只考虑了刚度退化和滞回耗能，却未反映强度退化；③在建模时对约束区的划分进行了简化处理，将约束拱作用区域简化为平面；④建模时只考虑箍筋的约束作用，并没有建立对应模型。

4.2.3 影响因素

4.2.3.1 轴压比

为研究轴压比对 SRC 框架组合结构的影响，本书分别进行了轴压比为 0.0、0.1、0.3、0.5、0.7 和 0.9 时的低周往复加载试验，其他参数与基准试件一样。图 4-16 给出不同轴压比下 SRC 框架结构的骨架曲线。结果表明，轴压比对曲线弹性阶段刚度影响较小。在其他条件不变的前提下，随着轴压比的增大，SRC 框架结构的承载力总体上呈现下降的趋势，各特征荷载值所对应的位移也在逐渐减小，不利于结构的变形。当轴压比较小（n≤0.5）时，极限承载力的降低并不明显，反而有较小提升。当轴压比较大（n>0.5）时，SRC 框架结构承载能力明显下降，尤其是当轴压比等于 0.9 时，承载力急剧下降，极限位移明显减小，故轴压比的存在对承受低周往复荷载下的 SRC 框架结构十分不利。

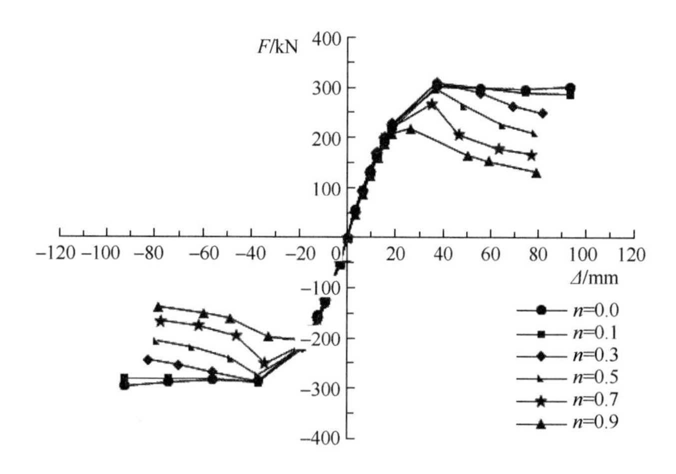

图 4-16 不同轴压比下 SRC 框架结构的骨架曲线

4.2.3.2 混凝土强度

为了研究不同强度的混凝土对 SRC 框架结构抗震性能的影响，在其他参数不变的前提下，分别计算混凝土强度为 C30、C40、C50 和 C60 的 SRC 框架结构模型。图 4-17 为不同混凝土强度下 SRC 框架的骨架曲线。可以看到，随着混凝土等级的提高，曲线弹性阶段刚度有变大趋势，混凝土等级越大，刚度增加越少；且混凝土强度在 C30～C50 之间时，随着混凝土等级的提高，各个承载力特征值越来越大，最大增幅达 11.3%；但超过 C50 以后，其影响较小。各承载力特征值所对应位移与混凝土等级无明显关系。

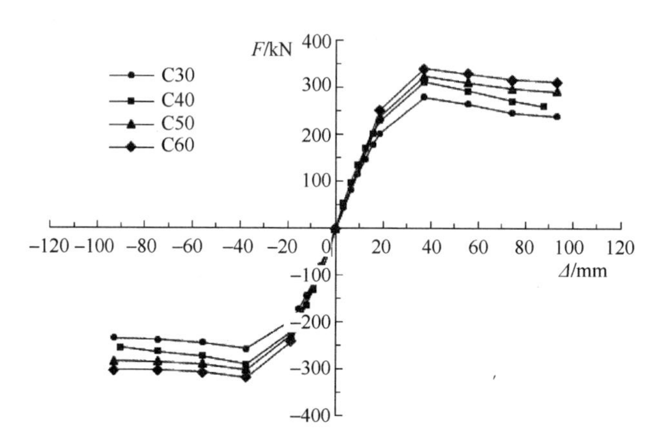

图 4-17 不同混凝土强度下 SRC 框架的骨架曲线

4.2.3.3 型钢强度

型钢在 SRC 框架组合结构中发挥了十分重要的作用，为研究型钢对 SRC 框架结构的整体受力性能影响，建立 4 个内置型钢强度分别为 Q235、Q345、Q390 和 Q420 的 SRC 框架模型，其他参数与基准模型保持一致。图 4-18 为 4 榀 SRC 框架的骨架曲线。可以看出，型钢强度的提升对框架弹性阶段整体刚度几乎没有影响，这主要是因为不同强度的钢材有相似的弹性模量；随着型钢强度的提高，框架各承载力特征值增大明显，特别是从 Q235 到 Q345，增大了 17.04%，但其相对应的位移大多无明显变化，说明型钢强度对框架整体变形能力影响不大；同时，型钢强度越大，破坏点对应位移值有所增加，最大增长幅度达 7.03%，这表明型钢强度的提升是有利于提高 SRC 框架结构的延性。综合来看，使用 Q345 等级钢材性价比最高，其承载力和破坏位移值分别增大 17.04%和 7.03%。

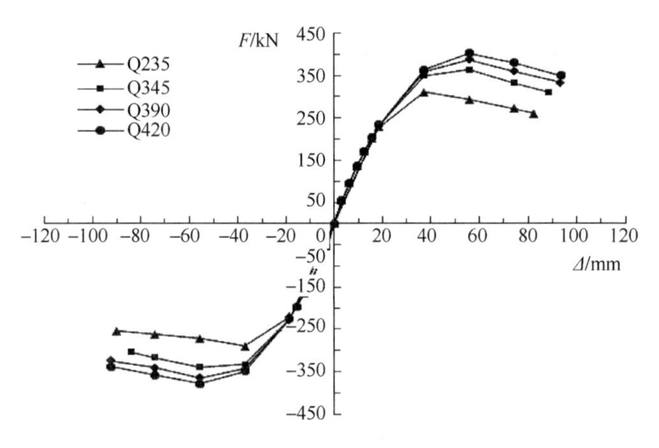

图 4-18 4 榀 SRC 框架的骨架曲线

4.3 外包钢套加固震损型钢混凝土框架结构 Pushover 分析

4.3.1 模型建立

4.3.1.1 型钢混凝土框架及加固模型建立

混凝土本构关系采用 Mander 箍筋约束模型[8]，不考虑混凝土的抗拉强度，如图 4-19 所示。箍筋约束混凝土抗压强度 f_{cc} 计算公式为

$$f_{cc}=f_{co}\left(-1.254+2.254\sqrt{1+\frac{7.94f_l'}{f_{co}}}-2\frac{f_l'}{f_{co}}\right) \tag{4-9}$$

式中，f_{co} 为未约束混凝土抗压强度；f_l' 为箍筋对核心混凝土的有效约束应力，

$f_l'=k_e\rho f_{yh}$（其中 k_e 为有效约束系数，矩形截面取 0.75；ρ 为配箍率；f_{yh} 为箍筋屈服强度）。其应力-应变曲线表达式如下：

$$\sigma_c=\frac{f_{cc}xr}{r-1+x^r} \tag{4-10}$$

$$\varepsilon_{cc}=\varepsilon_{co}\left[1+5\left(\frac{f_{cc}}{f_{co}}-1\right)\right] \tag{4-11}$$

式中，系数 $x=\dfrac{\varepsilon_c}{\varepsilon_{cc}}$；系数 $r=\dfrac{E_c}{E_c-E_{sec}}$。

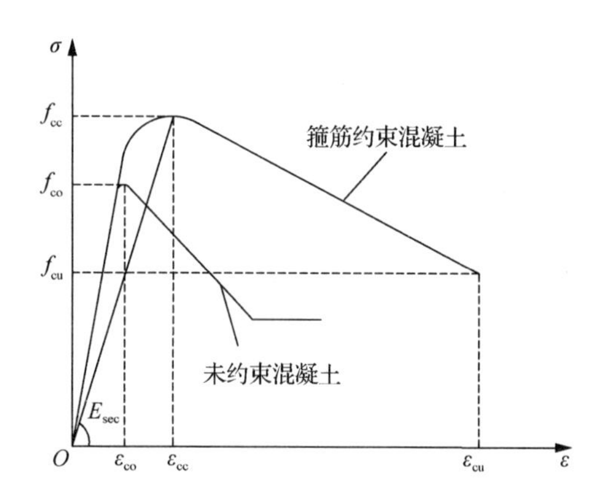

图 4-19 混凝土本构关系曲线

为简化分析，将外包钢套与箍筋约束作用统一起来，将缀板等同于箍筋[9]，计算外包钢套对核心混凝土的有效约束应力 f_l'，约束混凝土抗压强度、峰值应变及骨架曲线的表达式仍取于 Mander 模型，得到外包钢套约束混凝土的本构关系[10]。

钢筋、型钢及外包钢套均采用《混凝土结构设计规范（2015 年版）》（GB 50010—2010）[11]有屈服点钢筋单调加载的应力-应变本构关系，如图 4-20 所示，本构关系可表示为

$$\sigma_s=\begin{cases}E_s\varepsilon_s & \varepsilon_s\leqslant\varepsilon_y\\ f_y & \varepsilon_y<\varepsilon_s\leqslant\varepsilon_{uy}\\ f_y+E_s(\varepsilon_s-\varepsilon_{uy}) & \varepsilon_{uy}<\varepsilon_s\leqslant\varepsilon_u\end{cases} \tag{4-12}$$

钢材的泊松比均为 0.3，钢材的力学性能实测值见表 4-1，其中 E_s' 为强化段弹性模量，取为 $0.0085E_s$。

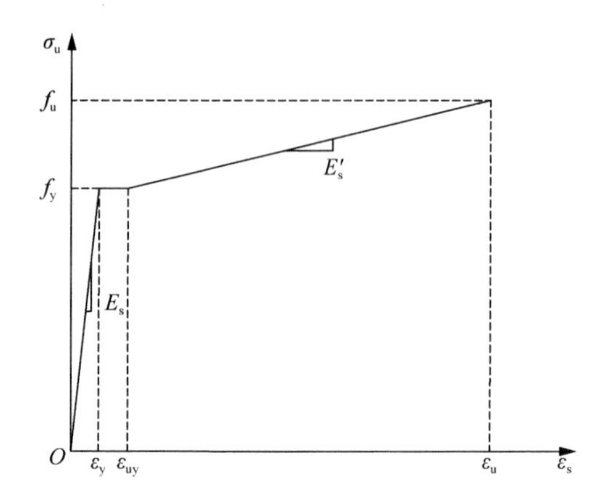

图 4-20　有屈服点钢筋应力-应变单调加载的本构关系

通过 SAP2000 程序内置截面设计器完成型钢混凝土框架梁、柱截面定义，设支座为全自由度约束。在定义 Pushover 分析工况时，以非线性重力荷载为第一工况，在第一工况的内力及变形基础上定义均匀分布水平加载模式[12]。

4.3.1.2　定义塑性铰

框架梁定义 M3 塑性铰，框架柱定义 PMM 塑性铰。根据文献[10]，以型钢混凝土框架梁的弯矩-曲率关系确定三个特征点得到简化的骨架曲线，按“变形相等”和“耗能相等”的原则转化为塑性铰的 M-Φ 曲线，并定义到 M3 铰属性中，并取塑性铰长度为 0.05（相对长度）。同样可求出型钢混凝土框架柱的弯矩-曲率关系和 PMM 相关面数据来定义框架柱的铰属性。型钢混凝土框架梁、柱塑性铰本构关系如图 4-21 所示。

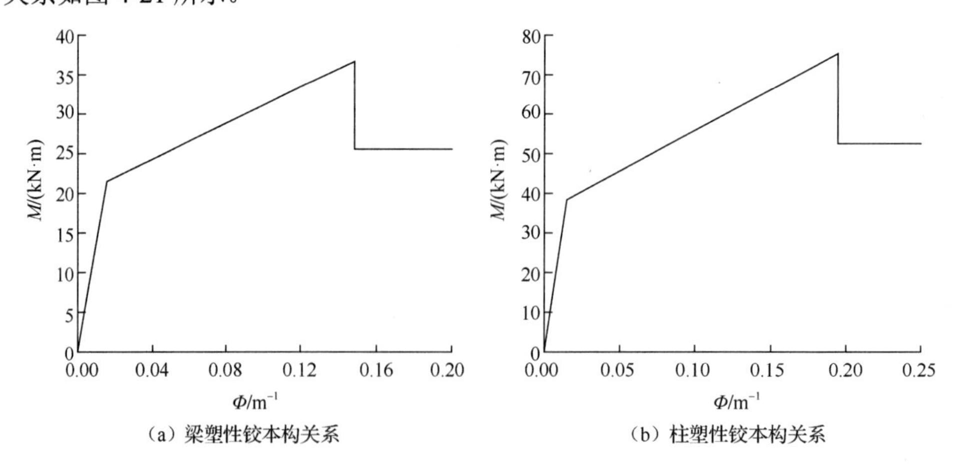

图 4-21　型钢混凝土框架梁、柱塑性铰本构关系

4.3.1.3 地震损伤程度定义

文献[13]将混凝土框架损伤程度分为四个阶段：框架受力完好至截面开始出现裂缝为微损伤阶段；截面开裂至裂缝宽度在《混凝土结构设计规范（2015年版）》（GB 50100—2010）规定的正常使用极限状态最大裂缝宽度限值内为轻度损伤；至框架一个截面屈服为中度损伤；框架屈服后形成机构体系为严重损伤。目前学者对如何定量描述结构、构件在地震作用下的损伤做了大量的研究，经典的损伤变量定义为$D=\left(A-A_{e}\right)/A$（其中A为材料初始截面面积，A_e为材料损伤后的有效面积）。利用平衡条件和应变等价原理可得$\sigma=E(1-D)\varepsilon$，由此可对材料弹性模量进行折减[14]。

结构整体损伤指数模型可从由整体法建立，文献[14]给出了Pushover曲线计算结构损伤指数，并结合能力谱法建立了简单有效的结构损伤评估方法，其表达式为

$$D=1-\sum_{i=0}^{n-1}\frac{k_{i}\left(u_{i+1}-u_{i}\right)}{k_{0}u_{n}} \tag{4-13}$$

式中，k_0为Pushover曲线的初始刚度；k_i为第i点与第i+1点间连线的斜率，$k_{i}=(P_{i+1}-P_{i})/\left(u_{i+1}-u_{i}\right)$。

由于4榀型钢混凝土框架配钢（筋）及混凝土强度均相同，可通过SF-1的Pushover曲线由式（4-13）计算SF-3、SF-4的损伤指数D分别为0.34、0.53。

4.3.2 计算结果及分析

4.3.2.1 模拟结果与试验结果比较

分析得到Pushover曲线如图4-22所示，与SF-1相比，SF-2、SF-3及SF-4屈服前后整体刚度均有提高，曲线下降段较平缓，塑性变形能力增强，抗震性能得到改善。试验结果与Pushover分析结果分别列于表4-8和表4-9中，对比分析可得以下结论：①两者结果中加固震损试件SF-3及SF-4的峰值及破坏荷载、位移较未加固试件SF-1均大幅提高，模拟值延性系数分别提高38.8%、26.8%，说明不同震损程度的型钢混凝土框架结构在经外包钢套加固后具有较好的抗震性能；②模拟值的屈服荷载、屈服位移与试验值相差较大，分析原因为模型中未考虑型钢与混凝土间的黏结滑移，导致模拟中结构初始刚度偏高，同时侧向荷载的分布形式也会影响Pushover结果；③模拟值的峰值荷载、破坏荷载与试验值误差在14%以内，主要由于低周往复加载试验中试件产生累积损伤，模拟时未考虑故结果偏高。但两者结果较为吻合，证明Pushover分析方法作为对框架结构进行简单有效抗震性能分析的合理性。

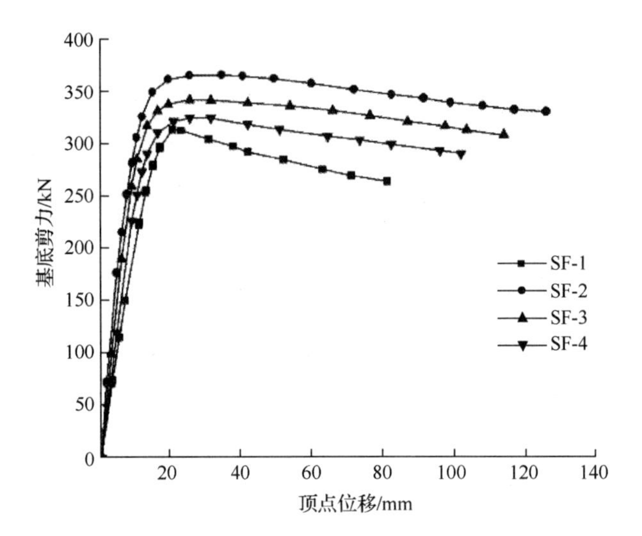

图 4-22　Pushover 曲线

表 4-8　试验结果

试件编号	屈服荷载/kN	屈服位移/mm	峰值荷载/kN	峰值位移/mm	破坏荷载/kN	破坏位移/mm	延性系数
SF-1	207.1	20.1	294.0	36.9	249.8	92.5	4.60
SF-2	211.0	20.6	359.6	61.8	286.6	124.1	6.02
SF-3	178.5	18.6	337.5	55.4	279.0	110.3	5.93
SF-4	140.1	19.0	323.9	54.9	278.0	110.0	5.79

表 4-9　模拟结果

试件编号	屈服荷载/kN	屈服位移/mm	峰值荷载/kN	峰值位移/mm	破坏荷载/kN	破坏位移/mm	延性系数
SF-1	247.3	15.9	312.4	26.9	266.5	82.3	5.18
SF-2	278.1	16.1	366.9	43.8	326.5	125.8	7.81
SF-3	254.4	15.8	340.2	38.8	305.6	113.6	7.19
SF-4	240.6	15.5	324.3	32.8	292.4	101.8	6.57

4.3.2.2　塑性铰

分析时未加固型钢混凝土框架底层中柱首先出现塑性铰，如图 4-23（a）所示；底层为结构的薄弱层，柱端塑性铰扩散较快，梁端塑性铰逐渐发展，柱底塑性铰达到极限状态，结构成为机构体系，如图 4-23（b）所示。结构破坏时为“梁柱混合机制”，未产生理想的“梁铰机制”。外包钢套加固完好型钢混凝土框架结构破坏时塑性铰分布如图 4-23（c）所示，与图 4-23（b）相比，SF-2 的塑性铰扩散更广，梁端塑性铰发展更充分，梁、柱的刚度相互作用得到改善。外包钢套加固中度、重度损伤型钢混凝土框架结构破坏时塑性铰分布如图 4-23（d）、（e）所示，可见其分布与 SF-2 相似。

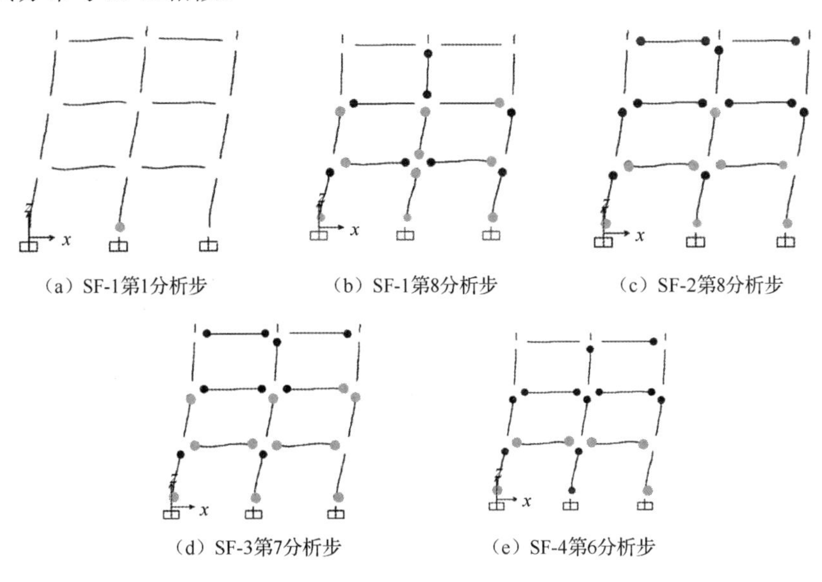

（a）SF-1第1分析步　（b）SF-1第8分析步　（c）SF-2第8分析步

（d）SF-3第7分析步　（e）SF-4第6分析步

图 4-23　塑性铰发展

4.3.2.3　层间位移角

以 8 度罕遇地震作用下外包钢套加固型钢混凝土框架结构的性能点的目标位移为控制值，可得到该顶点位移下楼层位移及层间位移角，如图 4-24 所示。SF-1 及 SF-4 的最大层间位移角在首层处，分别为 0.0034 和 0.0031，SF-2 及 SF-3 的最大层间位移角在二层，分别为 0.0019 和 0.0025，可见外包钢套加固法在一定程度上改善型钢混凝土框架结构层间位移角的状况。4 榀框架结构层间位移角均小于框架结构弹塑性层间位移角限值 1/50，说明损伤型钢混凝土框架结构经外包钢套加固后弹塑性变形均满足要求，达到“大震不倒”的设防目标。

4.3.3　参数影响分析

4.3.3.1　试验轴压比

为研究试验轴压比对震损型钢混凝土框架结构加固效果的影响，对试件 SF-2、SF-3 和 SF-4 控制中柱轴压比为 0.2、0.4、0.6、0.9，边柱轴压比依次为 0.13、0.25、0.38、0.60，并进行 Pushover 分析，其他参数保持一致。不同轴压比下外包钢套加固型钢混凝土框架结构层间位移角对比，如图 4-25 所示。由图 4-25 可以看出，轴压比在 0.2～0.9 内，结构层间位移角均小于 1/50，框架结构层间位移角随轴压比的增大而增大。

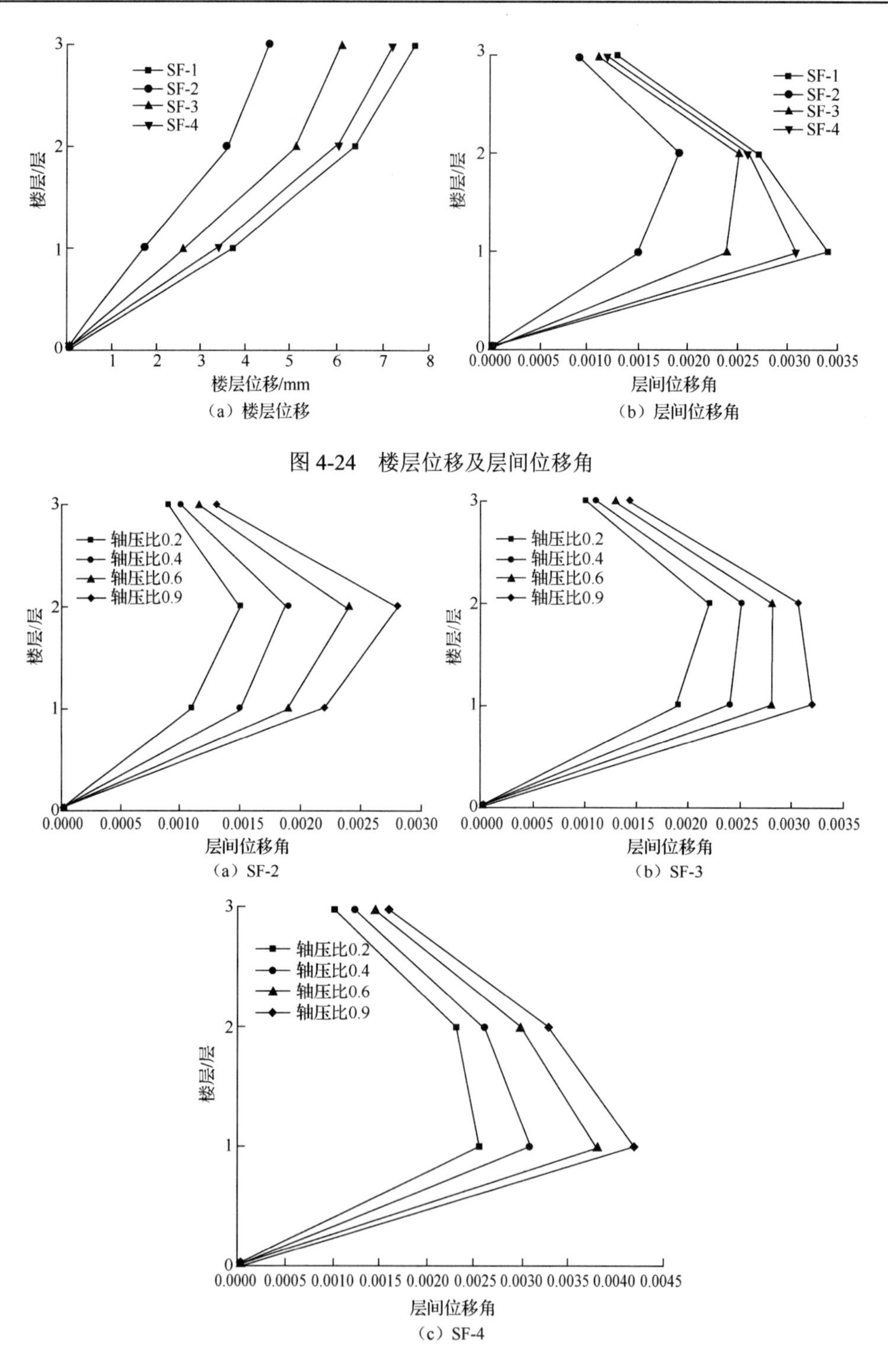

图 4-24　楼层位移及层间位移角

图 4-25　不同轴压比下外包钢套加固型钢混凝土框架结构层间位移角对比

4.3.3.2　外包钢套强度

外包钢套能显著提高框架结构承载能力及延性，为分析其强度对结构加固效果的影响，以试件 SF-2、SF-3 和 SF-4 为例，保持其他参数一致，仅改变外包钢套强度为 Q235、Q345 和 Q390。图 4-26 为框架结构在不同强度的外包钢套加固下的层间位移角对比。由图 4-26 可知，结构层间位移角随外包钢套强度的增大而减小，但变化幅度较小。

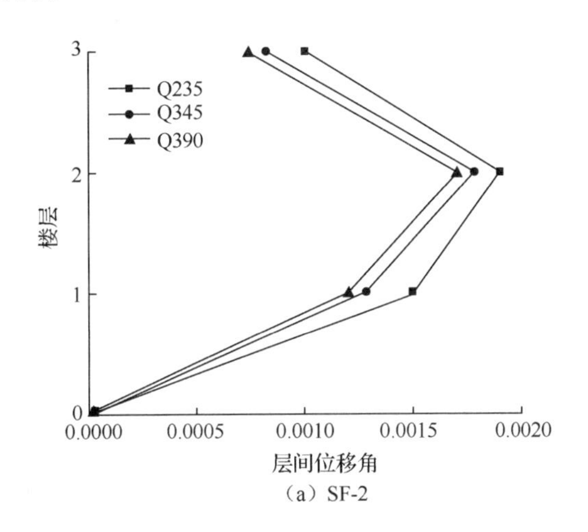

（a）SF-2

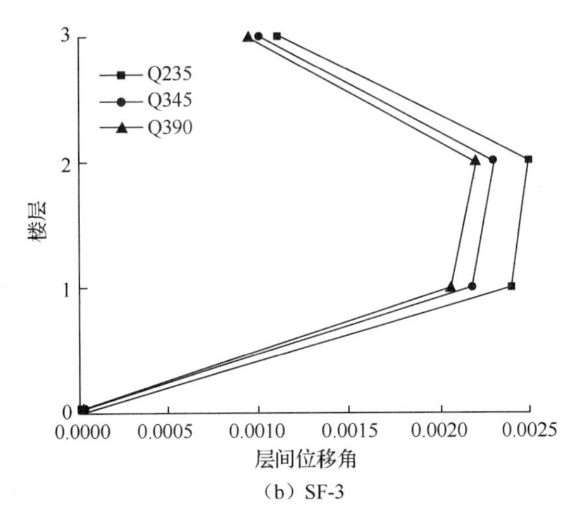

（b）SF-3

图 4-26　框架结构在不同强度的外包钢套加固下的层间位移角对比

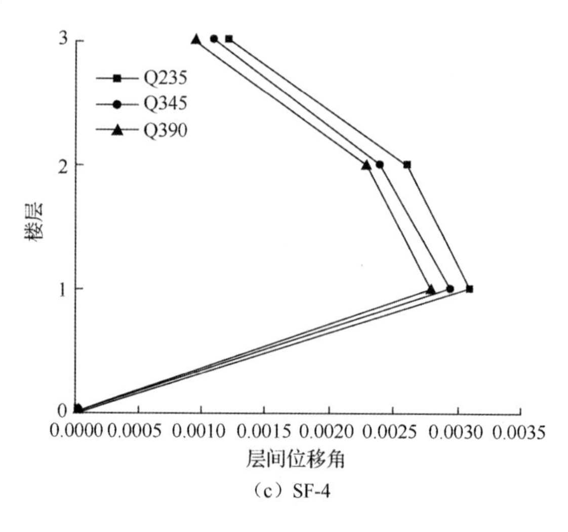

（c）SF-4

图 4-26 （续）

4.3.3.3　结构地震损伤程度

文献[15]给出损伤量化准则，当 0.3≤D<0.6 时，结构可以修复；当 0.6≤D<1.0，结构难以修复。本章计算的中度、重度震损结构的损伤指数对应可修复状态，为进一步研究不同震损程度时型钢混凝土框架结构加固后的修复情况，以临界值 D=0.6 的型钢混凝土框架结构经外包钢套加固后的层间位移角进行对比。

由图 4-27 可知，结构层间位移角随地震损伤程度的增大而增大，当损伤指数达到 0.6 时，结构层间位移角大于未加固框架，说明此时加固效果并不理想。

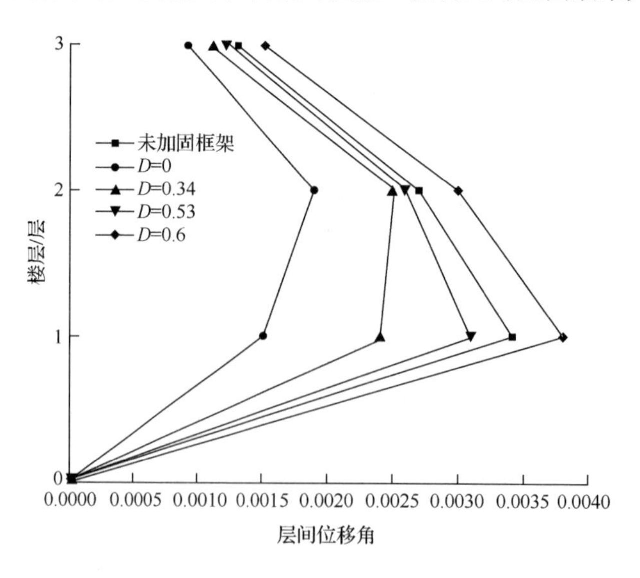

图 4-27　不同损伤程度时层间位移角对比

参 考 文 献

[1] 陈滔. 基于有限单元柔度法的钢筋混凝土框架三维非弹性地震反应分析[D]. 重庆: 重庆大学, 2003.

[2] 郑山锁, 王唯, 李龙, 等. 基于纤维模型的型钢混凝土柱精细化建模分析[J]. 广西大学学报(自然科学版), 2012, 37(2): 197-203.

[3] MANDER J B, PRIESTLEY M J N, PARK R. Theoretical stress-strain model for confined concrete[J].Journal of Structural Engineering, 1988, 114(8): 1804-1826.

[4] SHEIKH S A, UZUMERI S M. Analytical model for concrete confinement in tied columns[J]. Journal of the Structural Division, 1982, 108(12): 2703-2722.

[5] MENEGOTTO M, PINTO P E. Method of analysis for cyclically loaded reinforced concrete plane frames including changes in geometry and non-elastic behavior of elements under combined normal force and bending[C]//Proceedings of the conference on resistance and ultimate deformability of structures acted on by well defined repeated loads. Lisbon: International Association for Bridge and Structural Engineering, 1973: 15-22.

[6] 朱雁茹, 郭子雄. 基于OpenSEES的SRC柱低周往复加载数值模拟[J]. 广西大学学报(自然科学版), 2010, 35(4): 555-559.

[7] 郑山锁, 商效瑀, 李龙, 等. 考虑黏结滑移的 SRC 梁柱单元宏观模型建模理论及方法研究[J]. 工程力学, 2014, 31(8): 197-203.

[8] MANDER J B, PRIESTLEY M J N, PARK R. Theoretical stress-strain model for confined concrete [J]. Journal of Structural Engineering, 1988, 114(8): 1804-1826.

[9] 潘志宏,李爱群. 基于纤维模型的外粘型钢加固混凝土柱静力弹塑性分析[J]. 东南大学学报(自然科学版), 2009, 39(3): 552-556.

[10] 楚留声, 白国良. 型钢混凝土框架 Pushover 分析[J]. 地震工程与工程振动, 2009, 29(2): 51-56.

[11] 中华人民共和国住房和城乡建设部. 混凝土结构设计规范(2015年版): GB 50010—2010[S]. 北京: 中国建筑工业出版社, 2015.

[12] 孙勇, 张志强, 程文瀼, 等. 基于侧向力加载方式的 Pushover 分析方法[J]. 工业建筑, 2009, 39(5): 47-52, 55.

[13] 王新玲, 张龙, 白晓康, 等. 钢筋混凝土框架结构屈服前阶段损伤程度模型分析[J]. 土木工程学报, 2013, 46(8): 11-18.

[14] 李宏男, 何浩祥. 利用能力谱法对结构地震损伤评估简化方法[J]. 大连理工大学学报, 2004,44(2): 267-270.

[15] 王斌. 型钢高强高性能混凝土构件及其框架结构的地震损伤研究[D]. 西安: 西安建筑科技大学, 2010.

5 型钢混凝土组合构件地震损伤程度量化评判

5.1 型钢混凝土框架结构地震损伤层间位移角限值分析

5.1.1 位移角频数统计

对已有文献[1-9]的 31 组型钢混凝土框架结构试验测得的各特征点（开裂点、屈服点、最高荷载点和极限荷载点）对应的层间位移角进行频数统计。图 5-1 为各特征点对应层间位移角分布情况。表 5-1 为型钢混凝土框架结构各特征点对应层间位移角统计结果，平均值用μ表示，方差用σ表示。每组试验数据的平均值减去 1 倍标准差（$\mu-\sigma$），其保证率为 84.13%。根据可靠度理论[10]，随着保证率的逐渐增大，整个建筑物的安全度也会随之变高，通常的保证率取值为 70%～85%，在此取值范围内，能够确保建筑物在使用年限内偏于安全。本节位移角统计方法其保证率为 84.13%是比较合理的。

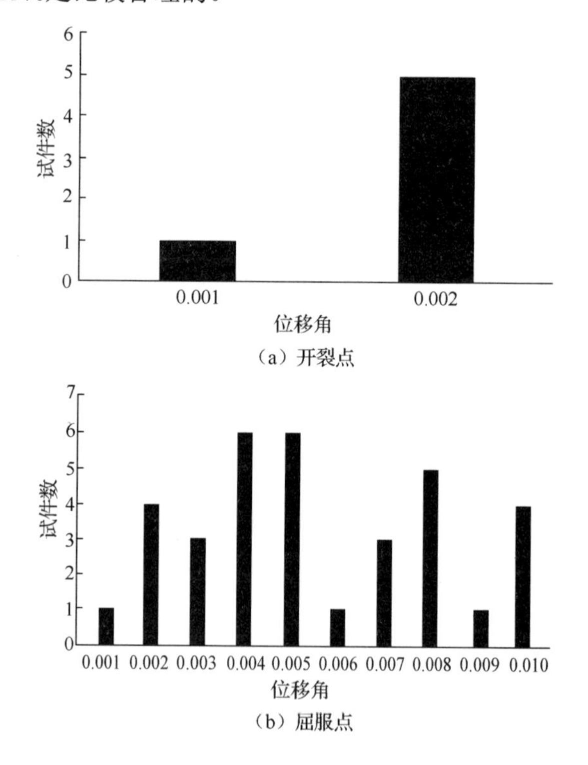

图 5-1 各特征点对应层间位移角分布情况

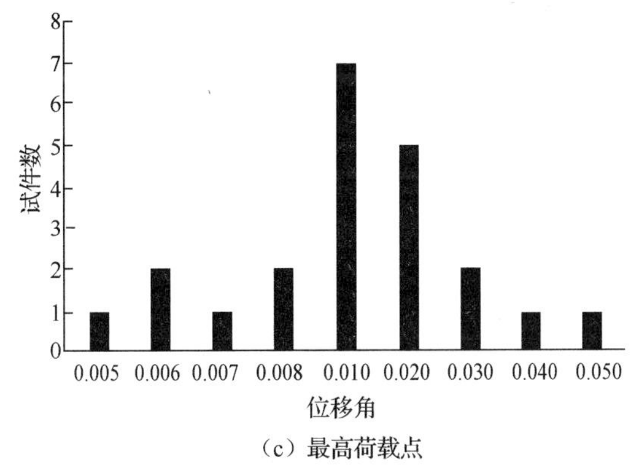

（c）最高荷载点

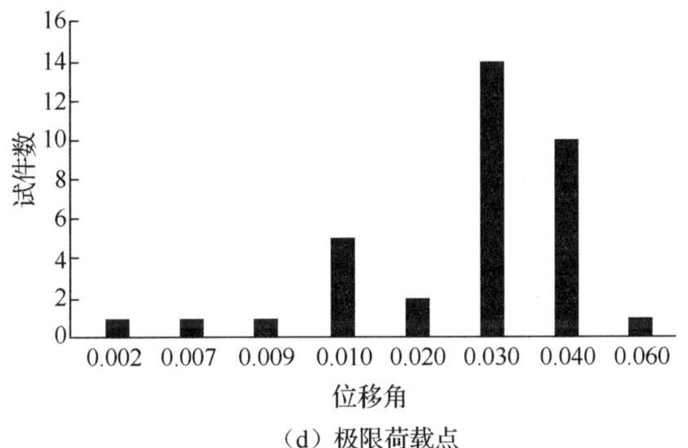

（d）极限荷载点

图 5-1 （续）

表 5-1 各特征点对应层间位移角统计结果

特征点	μ	σ	$\mu-\sigma$
开裂点	0.0020	0.0003	0.0019
屈服点	0.0062	0.0028	0.0033
最高荷载点	0.0189	0.0118	0.0109
极限荷载点	0.0323	0.0006	0.0313

5.1.2 特征点位移角限值讨论

5.1.2.1 开裂点层间位移角建议值

在讨论开裂点层间位移角限值时，需考虑框架结构有无填充墙，即有填充墙框架结构和无填充墙框架结构。梁、柱和节点综合作用导致整个结构受到损伤，在考虑位移角限值时，对于无填充墙结构，只需对柱的开裂进行研究；对于有填充墙结构，填充墙一般会先于框架柱开裂，在考虑开裂点状态时主要控制填充墙的开裂程度及其他非结构构件可能遭受的损坏，这时非结构构件起控制作用，因此除柱开裂外，还需考虑填充墙开裂程度及其他非结构构件的损坏。建筑物的使用功能并不会因填充墙的轻度开裂而受到影响，裂缝有小程度的开裂是允许的，但是不允许出现过于严重的裂缝，更不可造成贯通的斜裂缝。

根据有关填充墙的框架试验结果[11]，发生初裂的框架柱的平均位移角为1/550。由本节的统计结果及型钢混凝土拟静力试验的试验现象，位移角限值为1/550（或 1/500）时，大多数的型钢混凝土框架结构的构件一般只出现微细裂缝；在此位移角限值下，填充墙一般不会出现连通裂缝，其型钢混凝土框架柱也只有轻微开裂。无填充型钢混凝土框架结构很少，随着科学技术的发展，有很多新型材料被用作填充墙，可以在一定程度上提高层间位移角限值。无论型钢混凝土框架结构是否有填充墙，在开裂点状态时，主要是非结构构件损坏，对于承重构件梁、柱只会有轻微损坏。根据本节对型钢混凝土框架结构的统计结果：开裂点处层间位移角变化范围为 1/567～1/336，平均值计算得 1/444，标准差为 1/34 448，平均值减标准差结果为 1/510。为方便工程师使用，可以将 1/500 作为型钢混凝土框架结构地震损伤开裂点处位移角限值。

5.1.2.2　屈服点层间位移角建议值

当框架结构到达屈服点时，填充墙有一定程度的损坏，但非结构构件的损坏不至影响基本功能的运行。当位移角达到 1/350 时[11]，虽然对大多数结构构件钢筋均未屈服，但是填充墙已经有可能形成贯通墙面的裂缝，其他非结构构件不会有较大损坏，又可以控制型钢混凝土框架结构构件的屈服和裂缝大小。在这个状态下，结构只会产生轻微破坏，但不会影响结构的正常使用，对其修复比较简单，这种只需简单修复的轻微破坏状态可节省大量的时间和经济支出。本节对 SRC 结构屈服点位移角统计结果：位移角变化范围为 1/525～1/83，平均值计算得 1/162，标准差为 1/354，平均值减标准差为 1/301，取 1/300 为型钢混凝土框架结构地震损伤屈服点位移角限值是比较合理的。

5.1.2.3　最高荷载点位移角建议值

在该损伤状态下，虽有一定损伤，但损伤可修复，且修复部位的数量在容许范围内，这时主要是承重构件损坏，非结构构件开始有大面积的损坏，且可能导致人员伤亡。处于这一状态下的结构，非结构构件和结构构件都会产生很大程度的损伤。当结构到达这一状态点时，刚度会迅速骤减。当位移角达到 1/90 时，除楼板会有损坏外，顶棚和隔墙都已损坏，95%以上的构件残留变形占比非常小，但尚且可保证生命的安全[11]。本节对型钢混凝土框架结构最高荷载点位移角统计结果：屈服位移角在 1/168～1/20 之间变化，平均值是 1/53，标准差是 1/85，平均值减标准差结果为 1/92。通常，最高荷载点位移角限值会大于屈服点位移角限值，本节建议型钢混凝土框架结构最高荷载点处位移角限值为 1/90。

5.1.2.4　极限荷载点处层间位移角建议值

结构达到地震破坏等级“毁坏”状态点时，结构因地震而造成局部破坏失效，继而引起失效破坏相连的构件连续破坏，这个状态下的整个体系无论是结构构件还是非结构构件已受到很大程度的损坏，其修复将耗费大量财力和人力，只能将建筑物拆除。Vision2000 给出避免倒塌性能极限程度的位移角建议值为 1/40[12]，FEMA 给出避免倒塌性能极限程度的位移角建议值为 1/42[13]。根据本研究对型钢混凝土框架结构极限荷载点处位移角统计：位移角在 1/143～1/16 之间变化，平均值是 1/31，标准差为 1/1666，平均值减标准差为 1/32。因此，为方便使用，我们建议型钢混凝土框架结构极限荷载点处位移角限值为 1/30。

型钢混凝土框架结构由于内含型钢，型钢具有较大的刚度和强度，整个结构、钢筋、型钢和混凝土的共同作用使其具备了比钢筋混凝土结构承载力大、刚度大、抗震性能好的优点，所以其位移角限值一般比钢筋混凝土结构的位移角限值大，因此，对比文献[14]钢筋混凝土框架的位移角限值，本研究建议的型钢混凝土框架结构位移角限值是可行的。虽然所设计的型钢混凝土构件都存在一定差异，但由本节对层间位移角统计及图 5-1 可知，型钢混凝土框架结构位移角是有一定规律可循的，文献[15]对位移角规律进行了研究并整理成公式，认为型钢混凝土框架结构正常使用、暂时使用、生命安全和接近倒塌性能水平对应的层间位移角分别用θ_e、θ_1、θ_2和θ_u表示，其表示公式为

$$\theta_e=0.22\varepsilon_y\frac{L_b}{h_b} \tag{5-1}$$

$$\theta_1=0.60\varepsilon_y\frac{L_b}{h_b} \tag{5-2}$$

$$\theta_2=0.79\varepsilon_y\frac{L_b}{h_b} \tag{5-3}$$

$$\theta_u=2.20\varepsilon_y\frac{L_b}{h_b} \tag{5-4}$$

式中，ε_y 为钢筋屈服强度（N/mm^2）；L_b 为框架梁跨度（mm）；h_b 为框架梁高度（mm）。屈服点层间位移角大约是开裂点位移角的 2.7 倍；极限荷载点位移角大约为最高荷载点的 2.8 倍，可见本节在型钢混凝土框架结构各个阶段位移角取值是可行的。综上所述，型钢混凝土框架结构五个地震破坏等级“基本完好、轻微破坏、中等破坏、严重破坏和毁坏”对应的层间位移角限值见表 5-2。

表 5-2 型钢混凝土框架结构层间位移角限值

破坏阶段	位移角限值
基本完好	1/500
轻微破坏	1/300
中等破坏	1/90
严重破坏	1/30
毁坏	>1/30

5.2　型钢混凝土框架结构地震易损性

5.2.1　型钢混凝土框架结构算例

5.2.1.1　结构概况

结构模型为9层的型钢混凝土框架结构，结构层高3.6m，底层4.5m，总高度为33.3m，结构布置如图5-2所示。混凝土强度均采用C40，纵筋采用HRB335钢，内置型钢采用Q235，箍筋采用HPB300钢。计算中楼面和屋面恒载均采用4.5kN/m^2，活载均取为2.0kN/m^2，其梁柱截面图如图5-3所示。

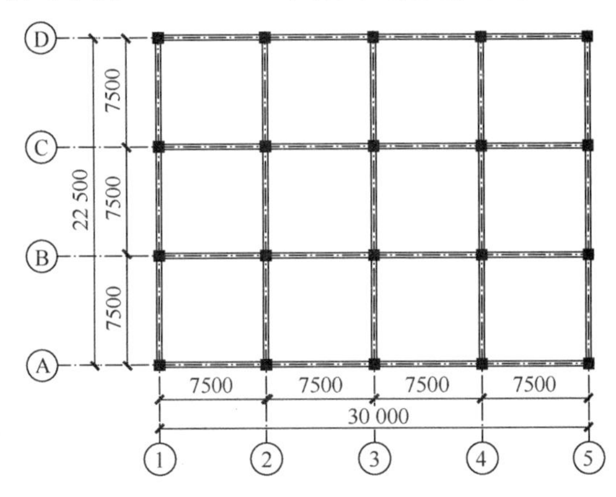

（a）平面图（单位：mm）

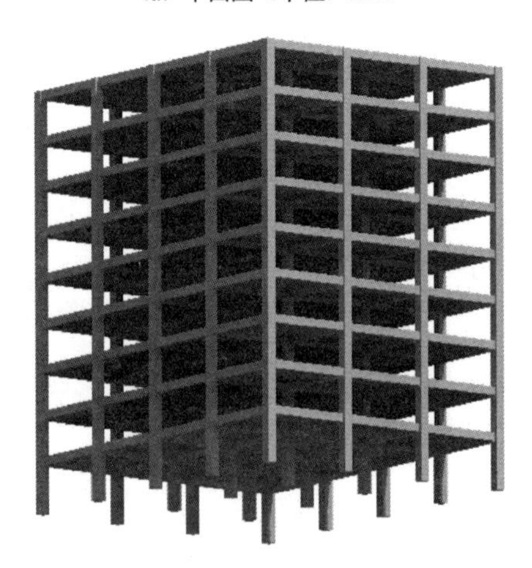

（b）立体图

图5-2　结构布置图

由于结构对称性，将其简化为平面框架，取第③轴线的 1 榀框架进行分析，其梁柱截面尺寸如表 5-3 所示。将楼板近似为组合梁边缘以考虑对梁的约束作用［图 5-3（a）］，翼缘宽度参考《混凝土结构设计规范（2015 年版）》（GB 50010—2010）的规定。工程场地为Ⅱ类，设防烈度 8 度，设计地震分组为第二组，设计基本地震加速度为 0.2g，结构抗震等级为一级。其设计和构造满足《组合结构设计规范》（JGJ 138—2016）和《建筑抗震设计规范（2015 年版）》（GB 50011—2010）的相关要求。荷载计算简图如图 5-4 所示。

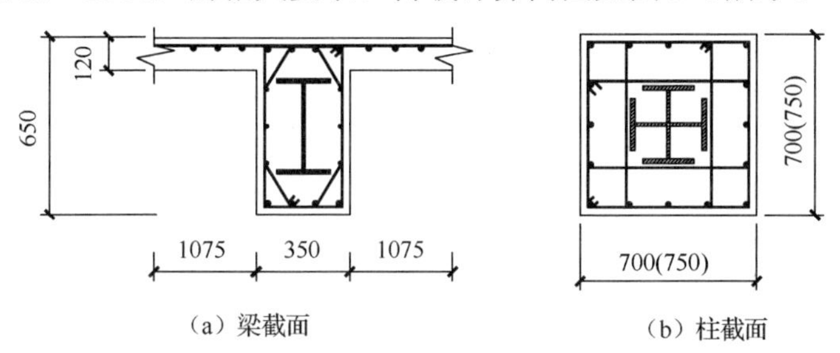

（a）梁截面　　（b）柱截面

图 5-3　梁柱截面图（单位：mm）

表 5-3　梁柱截面尺寸

构件	截面	型钢	纵筋
梁	350mm×650mm	H350×200×12×16	8Φ20+6Φ12
柱（第 1 层）	750mm×750mm	2H300×200×12×18	16Φ20
柱（2～9 层）	700mm×700mm	2H300×200×12×18	16Φ20

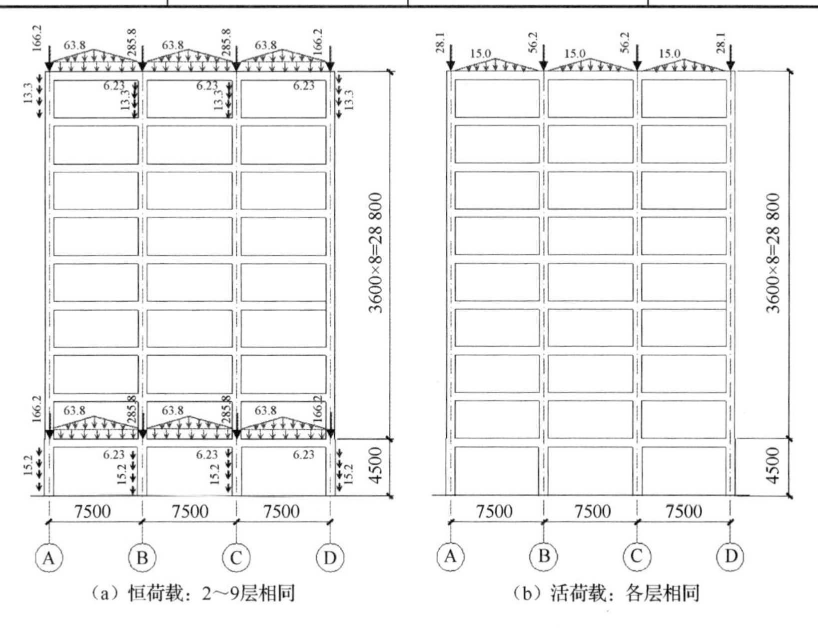

（a）恒荷载：2～9层相同　　（b）活荷载：各层相同

图 5-4　荷载计算简图（单位：均布荷载 kN/m；集中荷载 kN；尺寸 mm）

5.2.1.2　结构有限元模型

采用 OpenSEES 对该型钢混凝土框架结构进行数值模拟。

（1）结构模型：采用杆系模型来建立该框架结构的数值模型，以梁、柱构件作为基本单元，将计算得到的结构质量均匀布置于各节点处，其值根据重力荷载代表值（恒载+0.5×活载）计算。梁柱混凝土本构模型参数见表 5-4。

（2）单元模型：梁、柱单元均采用 Nonlinear Beam Column Element 进行模拟，根据模拟经验，各构件取用一个单元足够满足计算的精度要求，并对柱单元考虑 P-$\varDelta$效应。

（3）截面模型：采用纤维截面模型，梁、柱截面大致划分如图 5-5 所示。

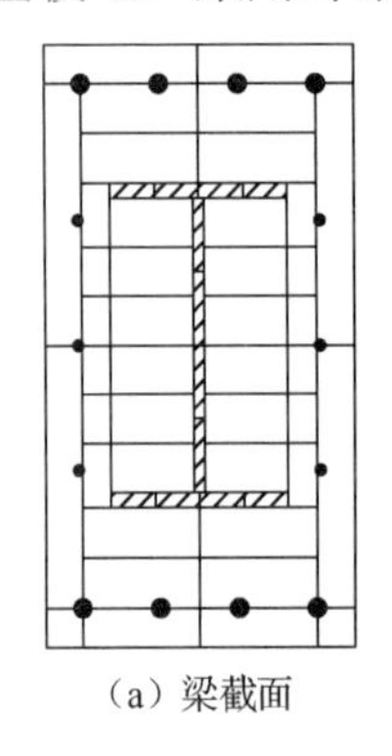
（a）梁截面

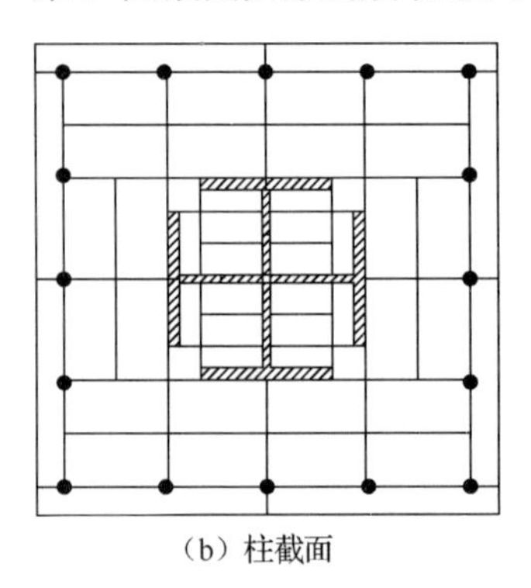
（b）柱截面

图 5-5　梁、柱纤维截面划分图

（4）材料本构模型：混凝土应力-应变关系如图 4-11 所示，钢材本构如图 4-12 所示。其他控制参数取 OpenSEES 建议值，即 R_0=10，cR_1=0.925，cR_2=0.15，钢材的硬化率取 0.01。

（5）阻尼模型：在进行结构的动力分析时，需要定义结构的阻尼矩阵，在 OpenSEES 中采用瑞利阻尼矩阵。

表 5-4　梁柱混凝土本构模型参数

构件	区域	f_{cm}/MPa	f_u/MPa	K	ε_0	ε_u	E_c
底柱	强约束区	36.05	—	1.306	0.0052	0.0286	28 106.9
	弱约束区		7.16	1.133	0.0023	0.0166	—
柱	强约束区		—	1.319	0.0048	0.0283	28 106.9
	弱约束区		7.22	1.142	0.0023	0.0175	—
梁	强约束区		—	1.221	0.0042	0.0255	28 106.9
	弱约束区		7.41	1.171	0.0023	0.0202	—

5.2.2 增量动力分析（IDA）

5.2.2.1 增量动力分析的基本理论

Bertero[16]首次提出增量动力分析（incremental dynamic analysis, IDA）的理论方法，Vamvatsikos 和 Cornell[17]系统地研究和总结了该非线性分析方法。IDA 方法是传统动力时程分析的一种扩展，概念简单，其原理是通过输入逐级放大的同一地震波，对同一建筑结构进行多次动力时程分析，获得结构在该地震波不同强度作用下的最大响应，可以较全面地反映结构的抗震性能。

通过逐步放大地震动强度指标（intensity measure，IM），如谱加速度 S_a、峰值加速度 PGA 等，可以得到同类地震波的一系列地震动数据，用这一系列地震动对结构进行动力时程分析，每次分析结果可以得到结构的最大响应，即结构工程需求参数（engineering demand parameter，EDP），如最大层间位移角、顶点位移、损伤指数等。最后通过 IM 和 EDP 可以得到该地震波的地震动强度参数与结构工程需求参数的关系曲线，即 IDA 曲线。一条 IDA 曲线可以全面反映建筑结构在同一地震波不同强度作用下的结构反应，包括从线弹性阶段到塑性阶段，直至倒塌失稳的全过程。考虑到地震动的不确定性，通常采用多条地震波进行 IDA 分析，从而得到 IDA 曲线簇。

通过对 IDA 曲线簇进行统计分析，可以为评估建筑结构的抗震性能提供大量的信息数据。目前，IDA 方法在模拟结构抗倒塌性能和地震易损性分析中得到了广泛的应用[18]。

5.2.2.2 地震波的选取

地震动是一种非平稳随机震动，由于震源深度、震级、场地条件等各因素的影响，地震动的随机性极大。在结构动力时程分析中，采用不同的地震波得到的结构地震反应可能区别很大。结构的增量动力分析和地震易损性分析都需要选取大量的地震波数据，因此，地震波的选取对增量动力分析和易损性分析结果的准确性有着至关重要的影响。目前，地震波的选取方法主要有以下几种[19]。

（1）基于地震信息选取地震动记录。幅值、频谱及持续时间是地震动的三大特征，通过地震信息筛选符合地震动特性的地震波，这些信息包括震级、震中距、烈度、场地条件等，并选择具有相同或者相近场地类别的站台记录作为输入。

（2）基于匹配目标谱选取地震动记录。研究表明[20]，相对于地震动峰值，基于反应谱坐标系下的结构地震反应的离散性能够明显降低。这种方法要求所选地震动记录的反应谱在统计意义上和目标反应谱具有一致性。

（3）基于广义条件强度参数分布选取地震动记录。该方法认为采用基于匹配目标谱方法选取的地震记录仅考虑了地震动反应谱所能表征的地震动特性，但忽略了加速度反应谱所不能体现的其他地震动特性。该方法不仅要求满足匹配目标反应谱，还要求地震记录的其他地震动参数满足强度条件分布，这对于地震动的不确定性考虑更加充分也更具有理论优势。

基于广义条件强度参数分布选择地震动的方法对地震动不确定性的考虑适用于地震易损性分析目的，但该方法才提出不久，采用该方法进行地震动选取的地震易损性分析较少，故目前使用还不够成熟。与此同时，有关学者曾研究过，选取 10～20 条地震记录进行增量动力分析可以得到较为精确的地震需求估计[21]。

由于本算例所在建筑场地为Ⅱ类，抗震设防烈度 8 度，设计基本地震加速度为 0.2g，设计地震分组为第二组，故依据算例所在场地条件、震中距及持续时间等要求，在美国太平洋地震工程研究中心（Pacific Earthquake Engineering Research Center，PEER）的强震数据库中选取 20 条实际地震记录作为地震动输入。地震波详细数据见表 5-5。图 5-6 给出阻尼比为 4%的 20 条地震记录加速度反应谱，为了便于比较，将反应谱加速度在结构基本周期（T_1）按比例调整为 1.0g，反应谱的离散性体现了地震动的不确定性。各目标加速度反应谱和选取的地震波加速度反应谱及其均值如图 5-7 所示。

表 5-5 地震波记录

编号	地震名称	所选分量	年份	R_{rup}/km	M_W	PGA
1	Hollister-01	RSN26_HOLLISTR_B-HCH271	1961	19.56	5.6	0.115
2	San Fernando	RSN88_SFERN_FSD172	1971	24.87	6.61	0.153
3	Imperial Valley-06	RSN164_IMPVALL.H_H-CPE147	1979	15.19	6.53	0.168
4	Imperial Valley-06	RSN164_IMPVALL.H_H-CPE237	1979	15.19	6.53	0.147
5	Loma Prieta	RSN755_LOMAP_CYC195	1989	20.34	6.93	0.151
6	Loma Prieta	RSN755_LOMAP_CYC285	1989	20.34	6.93	0.481
7	Cape Mendocino	RSN827_CAPEMEND_FOR000	1992	19.95	7.01	0.117
8	Cape Mendocino	RSN827_CAPEMEND_FOR090	1992	19.95	7.01	0.114
9	Northridge-01	RSN1083_NORTHR_GLE170	1994	13.35	6.69	0.131
10	Manjil_ Iran	RSN1633_MANJIL_ABBAR-L	1990	12.55	7.37	0.515
11	Cape Mendocino	RSN3750_CAPEMEND_LFS270	1992	25.91	7.01	0.265
12	Cape Mendocino	RSN3750_CAPEMEND_LFS360	1992	25.91	7.01	0.261
13	Landers	RSN3757_LANDERS_NPF090	1992	26.95	7.28	0.139
14	Landers	RSN3757_LANDERS_NPF180	1992	26.95	7.28	0.136
15	San Simeon_ CA	RSN4013_SANSIMEO_36258021	2003	19.01	6.52	0.089
16	San Simeon_ CA	RSN4013_SANSIMEO_36258111	2003	19.01	6.52	0.121
17	Chuetsu-oki_ Japan	RSN4843_CHUETSU_65006EW	2007	25.03	6.8	0.193

续表

编号	地震名称	所选分量	年份	R_{rup}/km	M_W	PGA
18	Chuetsu-oki_ Japan	RSN4844_CHUETSU_65007NS	2007	28.75	6.8	0.106
19	Chuetsu-oki_ Japan	RSN4848_CHUETSU_65011EW	2007	17.93	6.8	0.187
20	Chuetsu-oki_ Japan	RSN4872_CHUETSU_65053NS	2007	27.30	6.8	0.144

图 5-6　20 条地震波地震记录加速度反应谱（阻尼比 4%）

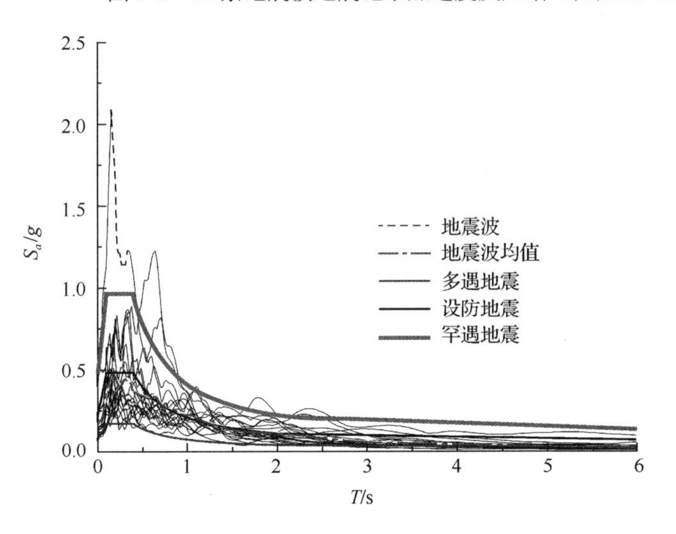

图 5-7　目标加速度反应谱和地震波加速度反应谱及其均值（阻尼比 4%）

5.2.2.3　地震动强度参数和工程需求参数的选取

IDA 方法是在原始地震波数据的基础上乘以比例系数 λ，对其进行调幅，得到一系列依次增大的地震动数据，然后用调幅后的每一条地震波对结构依次进行动力时程分析，所以 IDA 曲线是地震动参数 IM 和结构工程需求参数 EDP 之间一一对应的关系曲线，反映了随地震动强度的增加，结构响应的变化情况。

地震动参数 IM 的选择不仅要能够反映地震强度的大小，还需满足动力时程分析的精度要求，这是进行 IDA 分析和结构地震易损性分析都需要考虑的问题。叶列平等[22]研究总结了目前已有的 33 种地震动强度参数，并分别指出了其适用范围。文献[19]根据地震动三大基本特性将相关参数划分为三类：①幅值特性，如地震动峰值位移（peak ground displacement，PGD）、峰值速度（peak ground velocity，PGV）及峰值加速度（peak ground acceleration，PGA），其中 PGA 在抗震性能分析中运用得最为广泛，《建筑抗震设计规范（2016 年版）》（GB 50011—2010）采用 PGA 作为动力时程分析的地震动强度参数；②频谱特性，如加速度反应谱 $S_a(T, \zeta)$，速度反应谱 $S_v(T, \zeta)$以及位移反应谱 $S_d(T, \zeta)$，将该类反应谱序列与具体某一结构的自振周期相结合，即可形成一个结合了地震动特性和结构自身属性的综合参数，通常 $S_a(T_l, \zeta)$运用的最广泛；③地震动持续时间特征，如能量持时等。同时，在相关参数中选取了 9 个指标进行了相关性分析，结果表明，地震动反应谱参数 $S_a(T_1, \zeta)$与其他参数均具有良好的相关性[19]。故采用 PGA 和 $S_a(T_1, \zeta)$作为地震动参数 IM，进行地震易损性分析。

工程需求参数（engineering dem and parameters，EDP）一般包括最大层间位移角、顶点位移、延性系数和损伤指数等，工程需求参数的选取通常还需要根据研究的具体内容来进行选择。目前常用的 EDP 为最大层间位移角，其可以考虑最大楼层损伤的性能表现，更重要的是，它是最简单的一种 EDP 形式，可操作性强，所以得到了广泛的应用。《建筑抗震设计规范（2016 年版）》（GB 50011—2010）对结构构件达到抗震性能要求的层间位移角提出了相应的参考指标，且对不同结构类型、不同性能极限状态下竖向构件的最大层间位移角给出了具体的限值。故采用最大层间位移角$\theta_{\max}$作为工程需求参数 EDP。

5.2.2.4　增量动力分析的基本步骤

（1）建立合理的数值分析模型，该模型要能够反映结构在地震作用下的主要弹塑性响应。

（2）选取足够数量的地震波数据，选取的地震记录数据要符合代表建筑物所在场地特征，并选取合适的 IM 和 EDP 参数。

（3）选取一条地震波进行调幅，并将调幅后的地震记录数据分别作用在结构上进行动力时程分析，得到相应的结构反映数据（IM-EDP 值），最后将这些离散的点用平滑的曲线连接起来，即得到在该地震波作用下的 IDA 曲线。为了保证在第一次进行动力时程分析时，结构处于弹性阶段，调幅时应尽量取较小的指标进行，随后对该地震波以一定方式多次调幅并进行相应的动力时程分析，记录多个数据点，将相关数据点连接起来，形成 IDA 曲线。目前，关于地震波的调幅方法主要有 hunt&fill 调幅法、“折半取中”调幅法、变步长调幅和等步长调幅法等[23]，它们的主要区别在于调幅次数和动力参数分析次数的不同，本章采用等步长调幅，方便采用 MATLAB 进行程序自动计算。

（4）参照以上方法将剩余地震波进行多次 IDA 分析，最终形成 IDA 曲线簇，并对结果进行统计分析，进行结构的抗震性能分析。

5.2.2.5 IDA 曲线的绘制及分析

将结构第一自振周期对应的地震动加速度反应谱 $S_a(T_1, \zeta)$和峰值加速度 PGA 作为地震动强度参数，对 20 条地震波按照等步长调幅。对于型钢混凝土组合结构，阻尼比ζ宜取 0.04。绘制曲线时，从 0.05g、0.1g 开始，随后增量为 0.1g。此外，地震动强度参数取值过大并无意义，取 2.5g 作为最大值。最后绘制 IDA 曲线簇，得到 IM-EDP 关系曲线。基于不同 IM 的 IDA 曲线簇如图 5-8 所示。

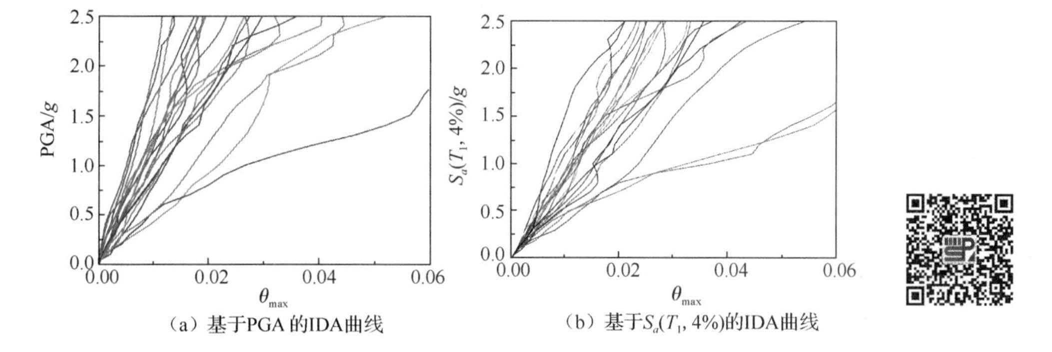

（a）基于PGA 的IDA曲线　（b）基于$S_a(T_1, 4\%)$的IDA曲线

图 5-8 基于不同 IM 的 IDA 曲线簇

由图 5-8 可知，不同地震波作用于结构产生的响应存在较大差异，IDA 曲线的斜率和形状都有所不同，且并不是所有的 IDA 曲线都单调递增，同时存在增大、减小甚至曲折的曲线。总的来说，IDA 曲线可以划分为三种类型：增长型、退化型和过渡退化型。退化型即随着地震动强度的增大，IDA 曲线斜率基本上表现为明显降低，结构从弹性阶段转变到弹塑性阶段，位移急剧增大，最终导致结构的整体倒塌，这是理想的单记录退化型 IDA 曲线，如图 5-9 所示。另一种曲线模式会出现局部的增长现象，即斜率不降反增，但随后 IDA 曲线同样进入退化阶段，即过渡退化型。这种破坏模式相较于退化型有所改善，分析认为结构的损伤累积位置在地震动强度增大过程中发生了变化，如图 5-10 所示。同时，部分 IDA 曲线比较曲折，存在“震荡”现象，即增长型。图 5-11 中，当地震动强度增大时，曲线的斜率增大，表明结构的累积损伤可能发生在不同位置，最终提高了结构的累积耗能能力。

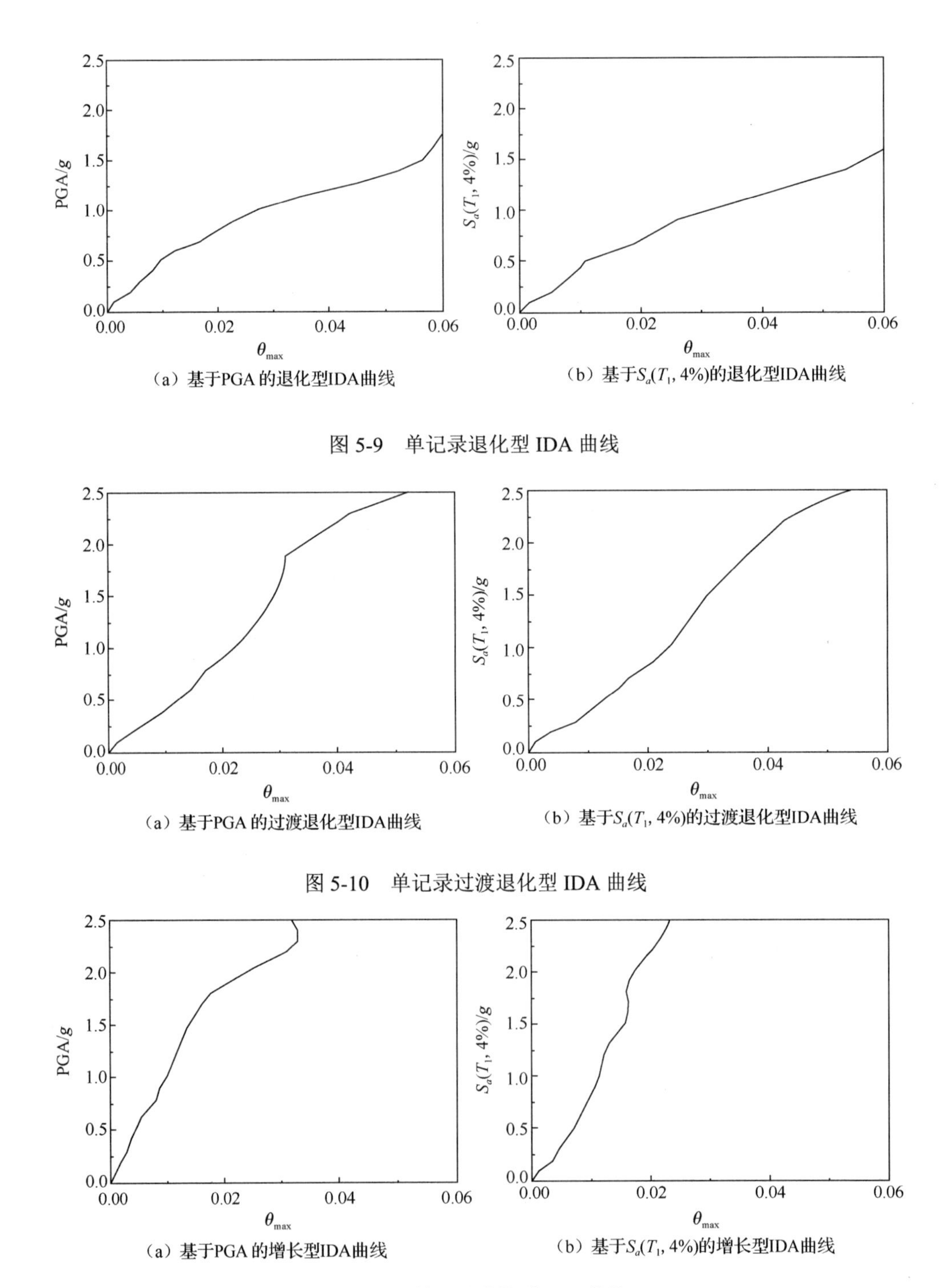

（a）基于PGA的退化型IDA曲线

（b）基于$S_a(T_1, 4\%)$的退化型IDA曲线

图 5-9　单记录退化型 IDA 曲线

（a）基于PGA的过渡退化型IDA曲线

（b）基于$S_a(T_1, 4\%)$的过渡退化型IDA曲线

图 5-10　单记录过渡退化型 IDA 曲线

（a）基于PGA的增长型IDA曲线

（b）基于$S_a(T_1, 4\%)$的增长型IDA曲线

图 5-11　单记录增长型 IDA 曲线

由图 5-8 可以看出，当地震动强度取值较小时，即结构处于弹性阶段时，以不同地震动强度参数表示的 IDA 曲线的离线性均较小，随着地震动强度参数的增大，即结构处于弹塑性阶段时，其离散性也逐渐变大，甚至有发散的趋势。同一结构以不同 IM 参数表示的 IDA 曲线簇的离散性和形状存在差异。初步观察到基于 $S_a(T_1, 4\%)$的 IDA 曲线簇比基于 PGA 的 IDA 曲线簇离散性更小，更汇聚，当地震动强度较小时，该差异更明显。下面将通过分位数曲线和 IM 条件下 EDP 的对数标准差来定量分析基于 $S_a(T_1, 4\%)$和 PGA 的 IDA 曲线簇离散性。

5.2.2.6 地震动强度参数的分析

在 IDA 分析中，地震动强度参数的有效性与地震动的随机性和结构的不确定性都有很大关系，其有效性不仅影响到结构的增量动力分析，更是会影响结构易损性预测结果的准确性。在参数评价中，曲线的有效性，即离散性是评价该地震动强度参数的重要因素，其关系到最终统计结果的置信水平以及获得不同统计水平结果所需要的计算量[24]。通过分位数曲线评价 $S_a(T_1, 4\%)$和 PGA 的有效性，随后计算不同地震动强度参数条件下 EDP 的对数标准差，以对比不同强度下参数的有效性，并以其平均值评价参数的有效性。从而综合评价这两种普遍应用的地震动强度参数的有效性，即以不同地震动强度参数表示的 IDA 曲线簇的离散性大小，并分析采用哪一种参数进行型钢混凝土框架结构的增量动力分析，离散性更小，分析结果更优。

IDA 曲线本质上是一个随机的需求函数，即 EDP=f（IM），通过计算求得一些数学特征值（如平均值、标准差等）是可以得到 IDA 曲线簇的统计特征的。文献[25]中指出，EDP 对 IM 的条件概率分布一般满足对数正态分布，即当 IM=x 时，ln（EDP）服从正态分布 $N(\mu,\sigma^2)$，其中，$\mu=\sum\ln(\text{EDP}_i)/n=\ln(\eta_{\text{EDP|IM}=x})$ $(i=1,2,\cdots,n)$，$\sigma=\beta_{\text{EDP|IM}=x}$。在工程中，统计特征值不仅包括平均值，还包括$\mu\pm\sigma$，可以表示为

$$\mu\pm\sigma=\ln(\eta_{\text{EDP|IM}=x})\pm\beta_{\text{EDP|IM}=x}=\ln(\eta_{\text{EDP|IM}=x}\cdot \mathrm{e}^{\pm\beta_{\text{EDP|IM}=x}}) \tag{5-5}$$

由于符合正态分布，故可得

$$\frac{\ln(\text{EDP}\mid\text{IM}=x)-\mu}{\sigma}=\frac{\ln(\text{EDP}\mid\text{IM}=x)-\ln(\eta_{\text{EDP|IM}=x})}{\beta_{\text{EDP|IM}=x}}\sim N(0,1) \tag{5-6}$$

进一步可以推得

$$P(\text{EDP}\leqslant\eta_{\text{EDP|IM}=x})=P\left(\frac{\ln(\text{EDP})-\ln(\eta_{\text{EDP|IM}=x})}{\beta_{\text{EDP|IM}=x}}\leqslant 0\right)=\Phi(0)=0.5 \tag{5-7}$$

$$P(\text{EDP}\leqslant\eta_{\text{EDP|IM}=x}\cdot\mathrm{e}^{\beta_{\text{EDP|IM}=x}})=P\left(\frac{\ln(\text{EDP})-\ln(\eta_{\text{EDP|IM}=x})}{\beta_{\text{EDP|IM}=x}}\leqslant 1\right)=\Phi(1)=0.84 \tag{5-8}$$

$$P(\text{EDP} \leqslant \eta_{\text{EDP|IM}=x} \cdot \mathrm{e}^{-\beta_{\text{EDP|IM}=x}}) = P\left(\frac{\ln(\text{EDP}) - \ln(\eta_{\text{EDP|IM}=x})}{\beta_{\text{EDP|IM}=x}} \leqslant -1\right) = \Phi(-1) = 0.16 \tag{5-9}$$

式（5-7）推导结果表示，当 IM=x 时，EDP 的 50%分位数，即所得 EDP 值超越其均值$\eta_{\text{EDP|IM}=x}$的概率为 50%。同理可知，式（5-8）是指，当 IM=x 时，EDP 值的 84%分位数，即所得 EDP 超越$\eta_{\text{EDP|IM}=x} \cdot \mathrm{e}^{\beta_{\text{EDP|IM}=x}}$的概率为 16%；式（5-9）指，当 IM=$x$ 时，EDP 的 16%分位数，即所得 EDP 超越$\eta_{\text{EDP|IM}=x} \cdot \mathrm{e}^{\beta_{\text{EDP|IM}=x}}$的概率为 84%。以 IM 为纵坐标，EDP 为横坐标，将式（5-7）～式（5-9）计算所得数据点连接起来可分别得到对应的 50%、84%和 16%分位数曲线。

图 5-12 为算例在以 PGA 和 $S_a(T_1, 4\%)$为地震动强度参数下的 IDA 分位数曲线。从图 5-12 中可以得到不同地震动强度所对应的 EDP 各个分位数。例如，当 PGA=0.5g时，结构所对应的 16%、50%和 84%分位的最大层间位移角分别为 0.003、0.005 和 0.008，说明当 PGA=0.5g 时，有 84%、50%和 16%的地震动使结构的最大层间位移角分别大于 0.003、0.005 和 0.008。同时，如果 IDA 曲线符合调幅连续的数学特征，此过程便可逆，也就是说，对于图 5-12（a）而言，要使结构的最大层间位移角大于 0.010，需要将 16%的地震动记录调幅至 1.4g，50%的地震动记录调幅至 0.9g，84%的地震动记录调幅至 0.6g。

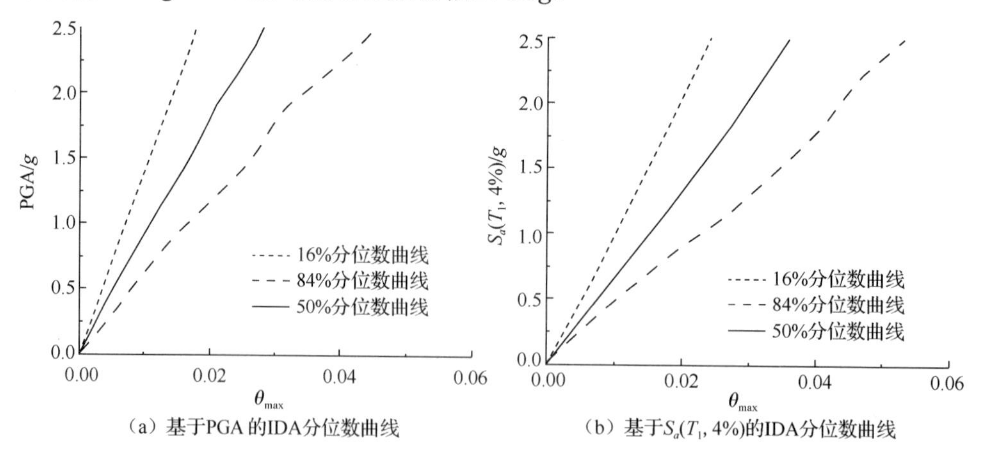

（a）基于PGA 的IDA分位数曲线　　（b）基于$S_a(T_1, 4\%)$的IDA分位数曲线

图 5-12　IDA 分位数曲线

通过比较图 5-12（a）和（b），不难发现以 PGA 和 $S_a(T_1, 4\%)$为地震动强度参数绘制的分位数曲线的离散性大致相同，其计算所得均值（50%分位数曲线）基本相同，整个过程中，其离散性发展比较均匀，这也是通常 IDA 分析常用该类指标作为地震动强度参数的原因。然而，当地震动强度较小时，以 $S_a(T_1, 4\%)$为强度指标的 IDA 曲线的离散性明显要小于以 PGA 表示的 IDA 曲线。随着地震动强度的不断增大，结构进入弹塑性阶段后，IDA 曲线离散性都逐渐增大，以 $S_a(T_1, 4\%)$

为强度指标的 IDA 曲线的离散性相较于 PGA 的离散性又稍大一些。因此，需要结合 IM 条件下 EDP 的对数标准差来评价其离散性。

一般认为，地震动参数条件下的工程需求参数符合对数正态分布，故 EDP 对数标准差$\sigma_{\ln(EDP|IM)}$的平均值可以用来评价 IDA 曲线的离散性[24]。通过 IDA 曲线簇可以得到不同地震动强度作用下的结构响应，对其取对数后求得在同一地震动强度作用下的 EDP 对数标准差，即相对于 IM 参数的对数标准差。然后绘制出地震动强度值和 EDP 对数标准差的关系曲线，最后将所有求得的条件对数标准差取平均值，以均值最小作为判断标准来评价 IDA 曲线簇的离散性。

图 5-13 为型钢混凝土框架算例以不同 IM 参数为自变量条件下最大层间位移角的对数标准差曲线。由图 5-13 可以看出，采用不同地震动强度参数所得对数标准差的变化范围都低于 0.55，在弹性阶段，参数 $S_a(T_1, 4\%)$的有效性明显优于 PGA，结构进入塑性阶段以后，参数 PGA 的对数标准差出现了变小的趋势，而参数 $S_a(T_1, 4\%)$的对数标准差增大后保持相对平稳的水平，这也与分位数曲线的评价结果相对应。总的来说，$S_a(T_1, 4\%)$的有效性在一定地震动强度水平范围内相对变化趋势平稳，且其均值 0.360 要小于参数 PGA 的对数标准差均值 0.446。

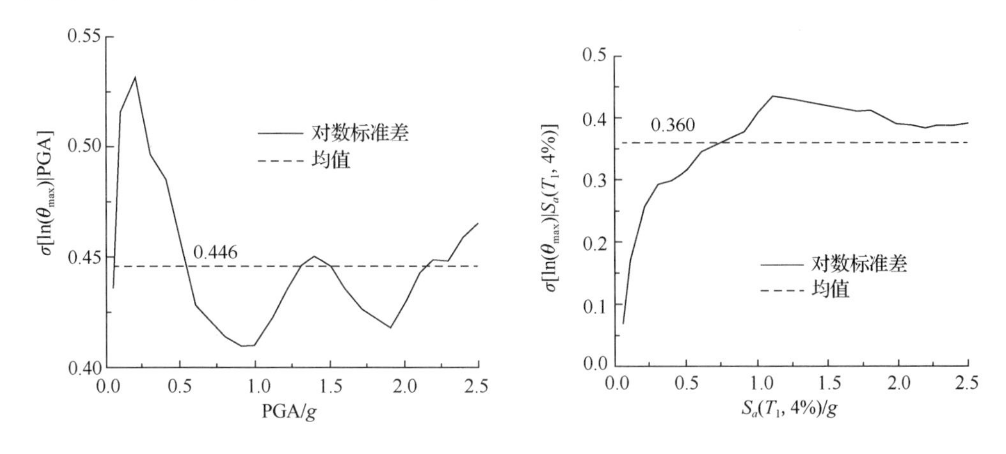

图 5-13 不同地震动强度参数条件下θ_{max}的对数标准差曲线

同时，本算例为型钢混凝土框架结构，其基本自振周期为 1.68s，属于中长周期结构，文献[22]中指出，参数 PGA 更适用于短周期结构的地震易损性分析，而对于中长周期结构，与结构反应的相关程度较低，结构反应的离散性较大；但参数 S_a 却更适合中长周期结构，其地震反应离散性较小。由此可见，对于型钢混凝土框架结构，文献[26]中的结论也同样适用。

综上所述，对于中高层型钢混凝土框架结构算例，对比两种常用的地震动强度参数可以得出，$S_a(T_1, 4\%)$的有效性较为理想，采用其作为地震动强度参数进行 IDA 分析可以有效降低 IDA 曲线簇的离散性。

5.2.3 结构地震易损性分析的基本原理及步骤

5.2.3.1 结构地震易损性分析基本原理

结构的地震易损性是指结构在不同地震动强度作用下，达到或者超过某一指定性能状态的可能性，即结构地震需求超过某一性能状态或某一确定限值 C 的条件概率。根据其定义，可以用数学表达式如下：

$$F_R(a) = P(\mathrm{EDP} > C \mid \mathrm{IM} = a) \tag{5-10}$$

式中，F_R 为地震易损性；P 为失效概率；IM 为地震动强度参数；EDP 为工程需求参数。

5.2.3.2 结构性能水平的确定

在进行地震易损性分析时，通常将建筑结构在地震作用下的被破坏程度划分为不同的破坏等级，其相应的损伤界限被定义为极限状态。在基于性能的抗震设计中，它也被称之为结构性能水准。

SEACO Vision 2000 报告[27]将结构性能水平划分为 4 个水准：运行（operational，OP）、立即使用（immediate occupancy，IO）、生命安全（life safety，LS）和防止倒塌（collapse prevention，CP）。运行状态相当于结构处于弹性阶段，即可理解为小震不坏；立即使用状态是指结构承载力和变形较小，损伤不大，即可理解为中震可修；生命安全状态要求建筑结构在进入弹塑性阶段后能够满足生命安全的需求，损伤较大但不至于倒塌，即可理解为大震不倒；防止倒塌状态是指结构承载能力和刚度退化严重，侧向位移很大，结构倒塌的可能性较大。

选用最大层间位移角 $\theta_{\max}$ 作为工程需求参数，文献[28]基于型钢混凝土框架和构件的试验数据统计以及 SEACO Vision 2000[27]报告和 FEMA356 (2000)[29]对结构性能状态的划分，对型钢混凝土框架结构在不同性能水平的最大层间位移角限值提供了参考数值，见表 5-6。

表 5-6　型钢混凝土框架结构在不同性能水平的最大层间位移角限值

性能水平	OP	IO	LS	CP
最大层间位移角限值	1/600	1/400	1/150	1/50

5.2.3.3 结构地震易损性计算方法

1）结构的反应概率计算

文献[30]的研究表明，地震动强度参数 IM 和工程需求参数 EDP 之间满足

$$\mathrm{EDP} = \alpha(\mathrm{IM})^{\beta} \tag{5-11}$$

其对数表达式为

$$\ln(\mathrm{EDP}) = a + b\ln(\mathrm{IM}) \tag{5-12}$$

式中：α、β、a、b 均为回归系数。

对于给定的 IM=x，地震易损性分析假定结构概率需求函数符合对数正态分布，故结构的工程需求函数可以用对数正态分布函数表示[29]，即

$$\mathrm{EDP} = \ln(\hat{D}_{\mathrm{EDP}}, \beta_{\mathrm{EDP}}) \tag{5-13}$$

其中

$$\hat{D}_{\mathrm{EDP}} = \alpha(\mathrm{IM})^{\beta} \tag{5-14}$$

$$\beta_{\mathrm{EDP}} = \sqrt{\frac{\sum_{i=1}^{N}[\ln(\mathrm{EDP}_i) - \ln(\hat{D}_{\mathrm{EDP}})]^2}{N-2}} \tag{5-15}$$

式中，$\hat{D}_{\mathrm{EDP}}$ 为地震工程需求参数均值；β_{EDP} 为地震工程需求参数对地震动强度参数 IM 条件对数标准差。

2）易损性概率的计算

结构的地震易损性描述了结构在某一地震动作用下，其反应超越某一性能状态的可能性，即在 IM=x 时，EDP 超过某一性能状态或某一确定限值 C 的条件概率。其数学表达式如下：

$$F_R(a) = P(\mathrm{EDP} \geqslant C \mid \mathrm{IM} = x) = 1 - \Phi\left(\frac{\ln C - \hat{D}_{\mathrm{EDP}}}{\beta_{\mathrm{EDP}}}\right) \tag{5-16}$$

其中改变 x 的取值，计算结构达到或者超越破坏状态的地震易损性 F_R，然后采用统计分析方法进行曲线拟合，得到的光滑曲线就是地震易损性曲线。根据该曲线可知，在特定地震强度作用下结构达到某一性能水准的超越概率。

5.2.3.4　地震易损性分析步骤

在 IDA 分析的基础上进行地震易损性分析，其具体分析步骤如下。

（1）明确研究对象，建立合理的有限元分析模型。

（2）选取符合工程场地条件的地震动记录，对结构进行 IDA 分析，绘制 IDA 曲线簇并对结果进行统计分析。

（3）根据 IDA 分析数据，取对数后进行线性拟合，得到地震动参数 IM 和工程需求参数 EDP 的函数关系式，并求出相应的工程需求参数对 IM 的条件对数标准差。

（4）确定结构性能水准及其限值，代入式（5-16），求出相应超越概率。最后以地震动强度参数为横坐标，超越概率为纵坐标绘制地震易损性曲线，据此研究结构抗震性能。

5.2.4 不同地震动强度参数的算例分析

基于 IDA 分析，分别对不同的 IM 和 EDP 取自然对数，以 ln(IM)为横坐标，ln(EDP)为纵坐标，按照式（5-12）进行线性回归拟合，如图 5-14 所示，得到 ln(EDP)-ln(IM)的线性关系。

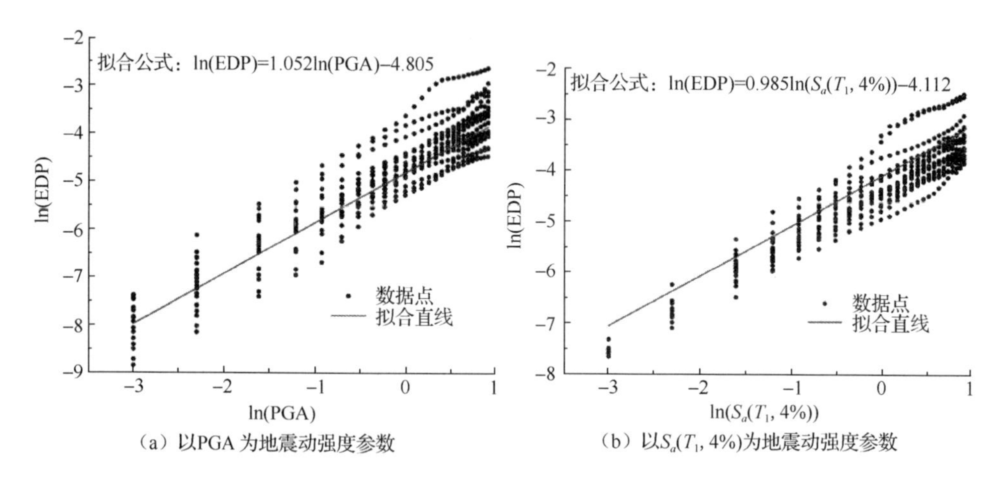

（a）以PGA 为地震动强度参数　（b）以$S_a(T_1, 4\%)$为地震动强度参数

图 5-14　不同地震动强度参数条件下地震概率需求模型

图 5-14 中各地震概率需求模型线性拟合得到的方程如下：

$$\ln(\mathrm{EDP}) = 1.052\ln(\mathrm{PGA}) - 4.805 \qquad \beta_{\mathrm{EDP}}=0.4708 \tag{5-17}$$

$$\ln(\mathrm{EDP}) = 0.985\ln[S_a(T_1,4\%)] - 4.112 \qquad \beta_{\mathrm{EDP}}=0.4245 \tag{5-18}$$

根据表 5-6 中各性能水准下$\theta_{\max}$的限值，由式（5-16）可以分别得到以 PGA 和 $S_a(T_1, 4\%)$为地震动强度参数的超越概率，即

$$P_{\mathrm{PGA}} = \Phi\left[\frac{\ln\left(\frac{0.0082\times(\mathrm{PGA})^{1.052}}{C}\right)}{0.4708}\right] \tag{5-19}$$

$$P_{S_a(T_1,4\%)} = \Phi\left[\frac{\ln\left(\frac{0.0164(S_a)^{0.985}}{C}\right)}{0.4245}\right] \tag{5-20}$$

通过改变地震动强度参数值即可算得对应超越概率，相应的地震易损性曲线如图 5-15 所示。

由图5-15 可知，采用不同地震动参数得到的地震易损性曲线的趋势是相同的，同一地震动强度作用下，型钢混凝土框架结构从运行状态到接近倒塌状态的超越概率是逐渐减小的，对于同一性能状态，其曲线逐渐变得平缓，与设计原则相吻

合。采用两种地震动强度参数在 OP 运行性能状态得到的超越概率曲线随着地震动强度的增加而急剧上升，即结构很容易超过规范规定的弹性范围，但 IO 立即使用，LS 和 CP 接近倒塌状态的超越概率曲线逐渐趋于平缓，结构在大震和中震作用下 LS 和 CP 极限状态的超越概率都很小，说明该类结构进入弹塑性阶段后，具有很好的延性和抵抗倒塌的能力，能够保证建筑结构的安全。

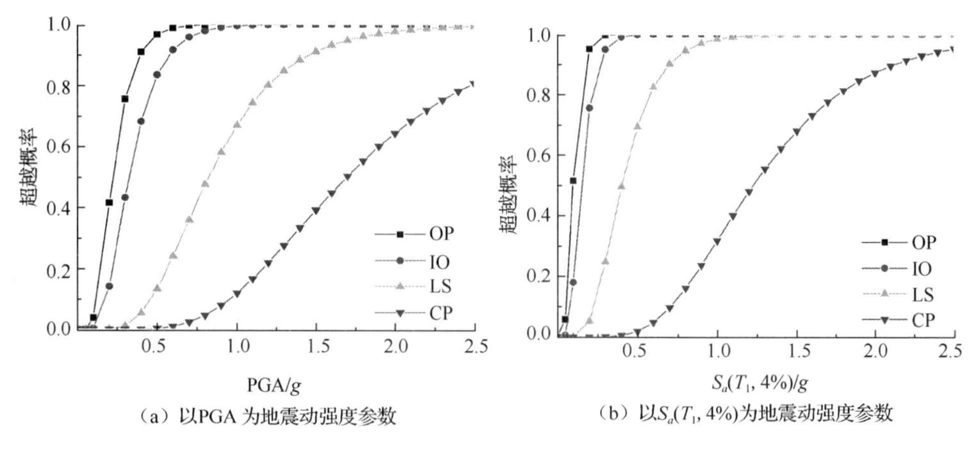

（a）以PGA 为地震动强度参数　　（b）以$S_a(T_1, 4\%)$为地震动强度参数

图 5-15　不同地震动强度参数条件下结构地震易损性曲线

根据以上易损性分析结果和《建筑抗震设计规范（2016 年版）》（GB 50011—2010），该结构在多遇地震（小震），设防地震（中震）和罕遇地震（大震）作用下各性能状态的超越概率见表 5-7 和表 5-8。由表 5-7 和表 5-8 可知，采用 $S_a(T_1, 4\%)$ 和 PGA 为 IM 的地震易损性评估结果都满足设计规范要求。在小震作用下，IO 立即使用，LS 和 CP 接近倒塌状态的超越概率几乎为零，且 OP 运行状态的超越概率都不超过 10%，说明该结构满足“小震不坏”的设计要求。在中震作用下，LS 和 CP 极限状态均为零，但 IO 立即使用极限状态均有一定概率超越，说明该结构满足“中震可修”的设计要求。在大震作用下，该结构 CP 状态的超越概率为零，结构在受到较大损伤后，仍不倒塌，未危及生命安全，说明该结构满足“大震不倒”的设计要求。在大震、中震和小震作用下，基于 $S_a(T_1, 4\%)$的地震易损性曲线的超越概率总体上高于基于 PGA 的，说明采用 $S_a(T_1, 4\%)$作为地震动参数来预测型钢混凝土框架结构的抗震性能更偏保守，也更偏安全。

表 5-7　以 PGA 为 IM 的结构性能状态超越概率

地震强度	PGA/g	OP/%	IO/%	LS/%	CP/%
多遇地震	0.07	1.6	0.2	0	0
设防地震	0.20	41.5	14.1	0	0
罕遇地震	0.40	90.9	68.2	5.4	0

表 5-8 以 $S_a(T_1, 4\%)$为 IM 的结构性能状态超越概率

地震强度	$S_a(T_1, 4\%)/g$	OP/%	IO/%	LS/%	CP/%
多遇地震	0.046	5.4	0.5	0	0
设防地震	0.130	65.9	37.0	0	0
罕遇地震	0.259	97.7	86.9	16.8	0

同时，对于同一性能状态的相同超越概率，基于 $S_a(T_1, 4\%)$的地震易损性曲线所需调幅值总体上小于基于 PGA 的易损性曲线，说明采用 $S_a(T_1, 4\%)$作为地震动参数来预测型钢混凝土框架结构的抗震性能更高效。

总的来说，以 $S_a(T_1, 4\%)$为 IM 的结构性能状态超越概率整体上稍大于以 PGA 为 IM 的结构性能状态超越概率，这是一种偏于保守的考虑，有利于保证建筑结构的安全。

5.3 型钢混凝土框架结构基于不同工程需求参数的地震易损性

5.3.1 型钢混凝土框架结构损伤指数计算

5.3.1.1 基于材料的损伤指数

结构、构件破坏的本质还是其组成材料的破坏，因此，从材料层次研究结构的抗震性能更具有理论上的优越。YeongAe Heo 在文献[31]中分别计算构件截面混凝土纤维与钢筋纤维的损伤指数，其中混凝土采用双线性损伤模型，并假设混凝土在达到极限压应变后其损伤指数为 1.0，钢筋采用经典的 Miner 线性理论[32]，同时考虑各自对构件的损伤贡献，由此综合评估构件的性能状态。其损伤指数计算表达式为

$$D_{ci}=\frac{D_{cu}(f-f_{cd})}{f_{cu}-f_{cd}} \quad \varepsilon \leqslant \varepsilon_{cu} \tag{5-21}$$

$$D_{ci}=1+\frac{(1-D_{cu})(f-f_{cf})}{f_{cf}-f_{cu}} \quad \varepsilon > \varepsilon_{cu} \tag{5-22}$$

$$D_{cu}=\frac{\varepsilon_{cu}-\varepsilon_{cd}}{\varepsilon_{cf}-\varepsilon_{cd}} \tag{5-23}$$

式中，D_{ci} 为第 i 根混凝土纤维的损伤指数；D_{cu} 为混凝土在抗压强度下的损伤指数；f_{cd}、ε_{cd} 分别为弹性极限处对应的强度和应变；f_{cu}、ε_{cu} 分别为抗压强度和对应的应变；f_{cf}、ε_{cf} 分别为混凝土极限压应变对应的强度和极限压应变。

钢材损伤指数为

$$D_{si}=\sum_{j=1}^{n}\frac{1}{(N_f)_j} \tag{5-24}$$

式中，D_{si}为第 i 根钢材纤维的损伤指数；$(N_f)_j$为在与周期 j 相应的应变幅值下的失效周期数，Coffin 在文献[33]中进行了详细描述。

对于$(N_f)_j$的取值，一般都基于著名的 Manson-Coffin 方程，文献[34]采用修正的 Manson-Coffin 方程给出了 HRB335 钢的疲劳应变幅关系式如下：

$$\varepsilon_a=\frac{\Delta\varepsilon}{2}=0.004\,65\left(N_f\right)^{-0.1002}+0.422\,31\left(N_f\right)^{-0.5668} \tag{5-25}$$

式中，ε_a为应变幅；$\Delta\varepsilon$为总应变范围值，$\Delta\varepsilon=\varepsilon_{max}-\varepsilon_{min}$。

文献[35]参考 Kunnath 等[36]提出的钢筋应变幅值与疲劳寿命之间的关系函数，通过试验数据拟合，确定了 HRB400 钢的疲劳应变幅关系式如下：

$$\varepsilon_a=\frac{\Delta\varepsilon}{2}=0.0650\left(N_f\right)^{-0.329} \tag{5-26}$$

由式（5-24）可知，当累积塑性应变值达到损伤初始值时，D_{si}由 0.0 逐步增加，在理想情况下，钢筋断裂可达到 1.0。若累积塑性应变值继续增加，D_{si}将有超过 1.0 的可能性，这与损伤指数的原有定义不符。

结构构件的损伤指数

$$D=w_c D_c+w_s D_s \tag{5-27}$$

$$D_c=\max(D_{ci}) \tag{5-28}$$

$$D_s=\max(D_{si}) \tag{5-29}$$

$$w_c=\frac{D_c}{D_s+D_c} \tag{5-30}$$

$$w_s=\frac{D_s}{D_s+D_c} \tag{5-31}$$

式中，D为构件的损伤指数；D_c为混凝土纤维的损伤指数最大值；D_s为钢材纤维的损伤指数最大值；w_c为混凝土的加权系数；w_s为钢材的加权系数。

混凝土和钢材的损伤指数在同一截面不同位置的值显然是不同的。Heo[31]提出采用截面关键部位的混凝土纤维（称为 c1）和钢材纤维（称为 s1）处的损伤指数作为该截面的代表值，并验证了其合理性。这些关键部位即为受压区的约束混凝土纤维（纵向钢筋纤维内部边缘处）和受拉区的最外围钢筋纤维，图 5-16 为 Heo 建议的构件截面关键部位纤维选取示意图。

不同于钢筋混凝土结构，型钢混凝土组合结构构件的钢材部分包含钢筋和型钢，式（5-24）是针对纤维截面中纵向钢筋提出来的损伤指数计算式，并未说明同样适用于型钢。显然，前者比后者更容易达到屈服，故采用式（5-24）计算型钢的损伤指数时有偏大的可能性，且将最外围纵向钢筋纤维作为型钢混凝土构件截面的钢材损伤代表值可能偏于保守。但是在地震作用下，型钢的损伤状态同样会影响到钢筋的损伤指数，因此，型钢混凝土构件采用文献[32]中建议的关键纤维部位是可行的，同时，型钢混凝土组合结构内部型钢的存在会降低其纵向钢筋的疲劳应变幅值，导致钢材的材料损伤指数随之降低。下述将采用 Heo 的建议对型钢混凝土框架结构构件进行截面关键纤维的选取。

为了验证 Heo 截面纤维束的选取同样也适用于型钢混凝土组合结构，采用一根型钢混凝土柱进行 Pushover 模拟。试验概况见文献[37]。该柱运用 OpenSEES 模拟，数值模型采用的纤维单元及本构模型见文献[38]。图 5-17 为试验和模拟所得滞回曲线对比。图 5-18 为型钢混凝土柱截面划分示意图，该柱截面被划分为 20 个非约束混凝土纤维束、12 个强约束混凝土纤维束、16 个弱约束混凝土纤维束和 10 个钢材纤维束。

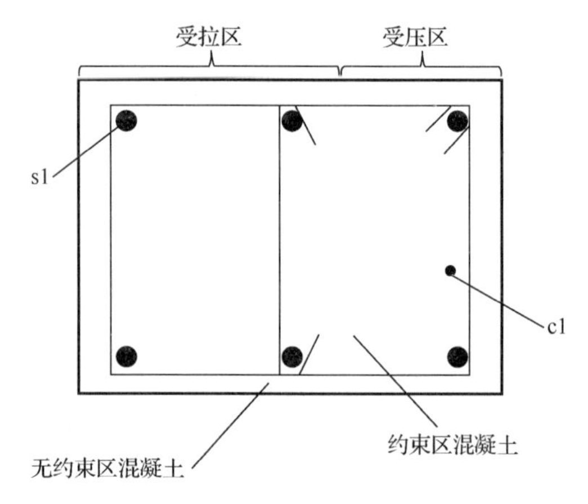

图 5-16　Heo 建议的构件截面关键部位纤维选取示意图

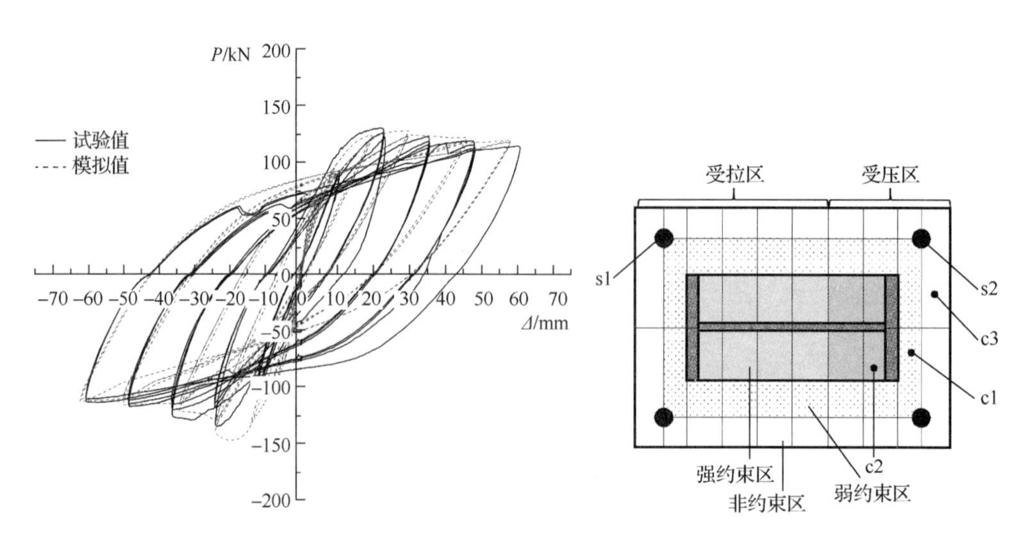

图 5-17　试验和模拟所得滞回曲线对比　　图 5-18　型钢混凝土柱截面划分示意图

如上所述，截面损伤指数的计算主要与受压区约束混凝土纤维束和受拉区最外围钢筋纤维束有关，在数值模拟的精确性得到验证的基础上，对该型钢混凝土柱进行 Pushover 模拟试验以验证其合理性。为使构件达到极限状态，取较大的控制位移（层间位移角达到 9%），柱底部剪力-柱顶位移关系曲线如图 5-19（a）所示。为了便于观察随着应变的增加，各个纤维束的损伤情况，图 5-19（b）给出柱底部剪力-分析步数的关系曲线。

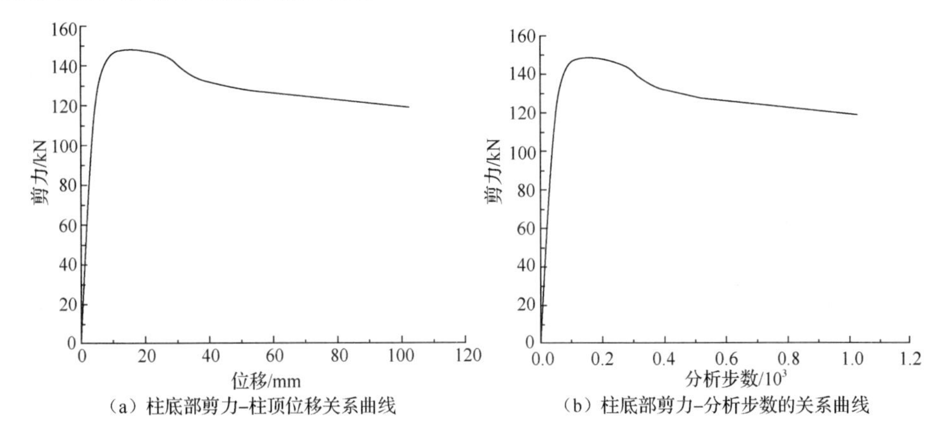

（a）柱底部剪力-柱顶位移关系曲线　（b）柱底部剪力-分析步数的关系曲线

图 5-19　Pushover 关系曲线

型钢混凝土柱受压区的三个混凝土纤维束应力-应变曲线及对应损伤指数曲线如图 5-20 所示。由图 5-20 可知，当分析步到达 350 时，纤维束 c3 的损伤指数上升到 1.0，而此时的侧向位移角仅为 2.6%，显然此时柱仍然还有抵抗侧向变形的能力，与其计算的损伤指数对应的破坏状态不符。纤维束 c2 在位移角达到 9%后，所得损伤指数仍然低于 1.0，与实际破坏情况不符。然而，纤维束 c1 在到达分析步 800 时，其损伤指数刚好达到 1.0，此时的层间位移角达到 7%与实际破坏位移角 9%接近。因此，对于截面混凝土的损伤评估，采用受压区内侧约束混凝土纤维束（c1）是可行合理的。

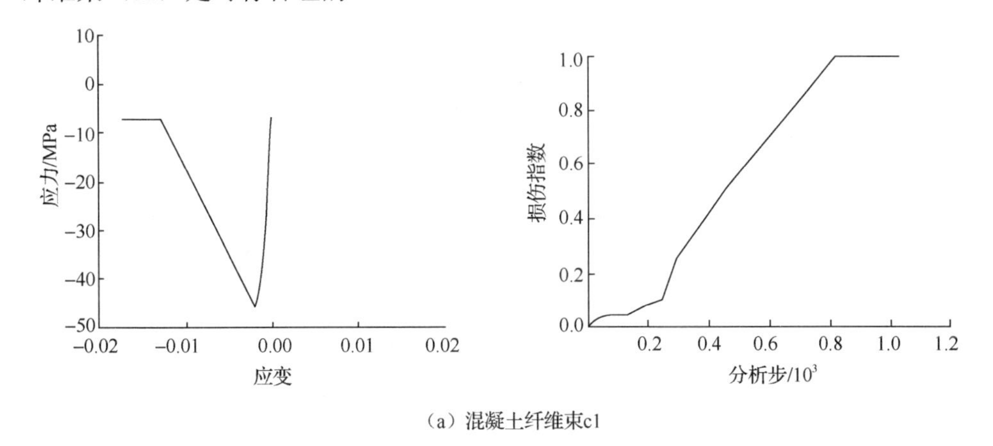

（a）混凝土纤维束c1

图 5-20　型钢混凝土柱受压区混凝土纤维束应力-应变曲线及对应损伤指数曲线

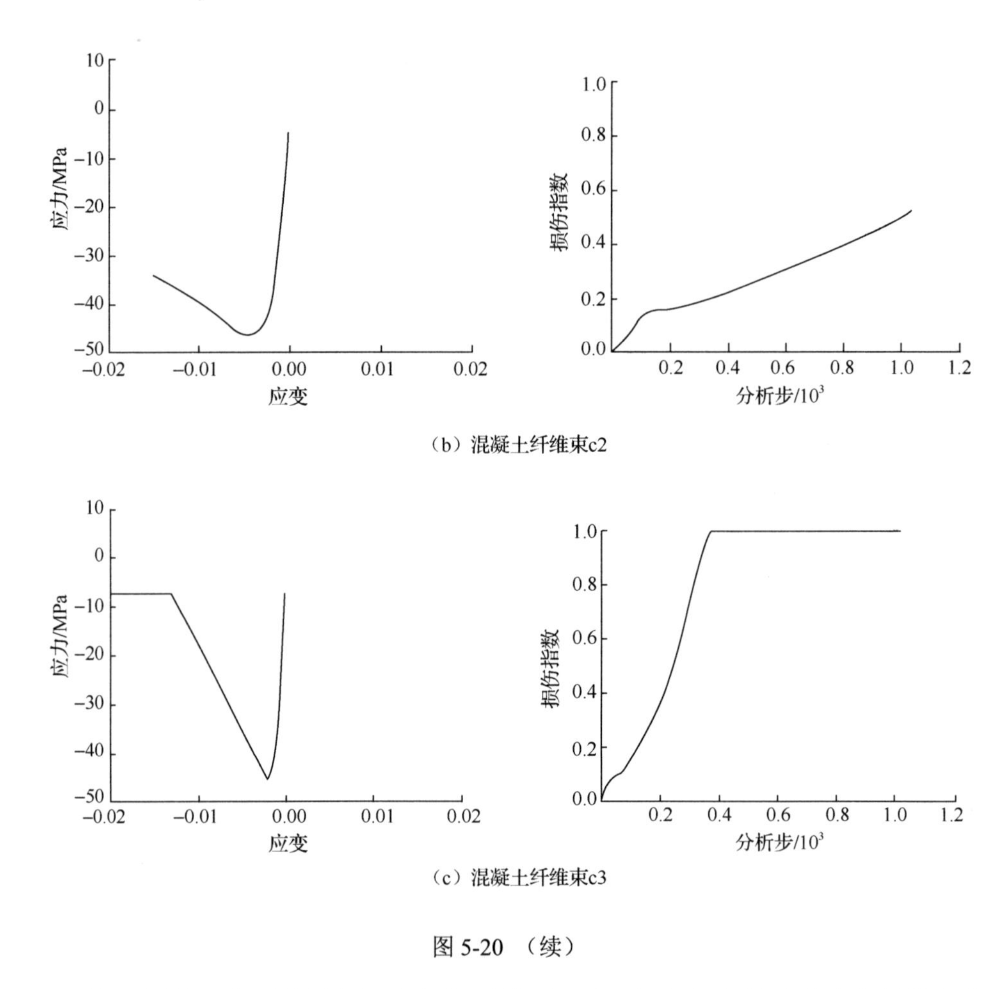

（b）混凝土纤维束c2

（c）混凝土纤维束c3

图 5-20 （续）

型钢混凝土柱受拉区的两个钢筋纤维束应力-应变曲线及对应损伤指数曲线如图 5-21 所示。由图 5-21 可知，当层间位移角达到 9%时，纤维束 s1 的损伤指数刚刚超过 1.0，与实际情况相符，构件破坏；而纤维束 s2 的损伤指数低于 0.2，这表明 s2 处的纤维束不能很好地表示构件的损伤情况。

综上所述，型钢混凝土组合结构在采用 Heo 损伤模型时，其截面混凝土关键纤维束为受压区内侧约束混凝土纤维。因混凝土主要用来受压，在受拉区很容易达到破坏，故受拉区混凝土纤维束显然不是截面损伤评估的关键部位。与其相反，受拉区的钢筋纤维束计算所得损伤指数比受压区更为合理。故 Heo 截面纤维束的选取同样也适用于型钢混凝土组合结构。表 5-9 为文献[31,35]中在不同性能水准下材料损伤指数限值的建议值。

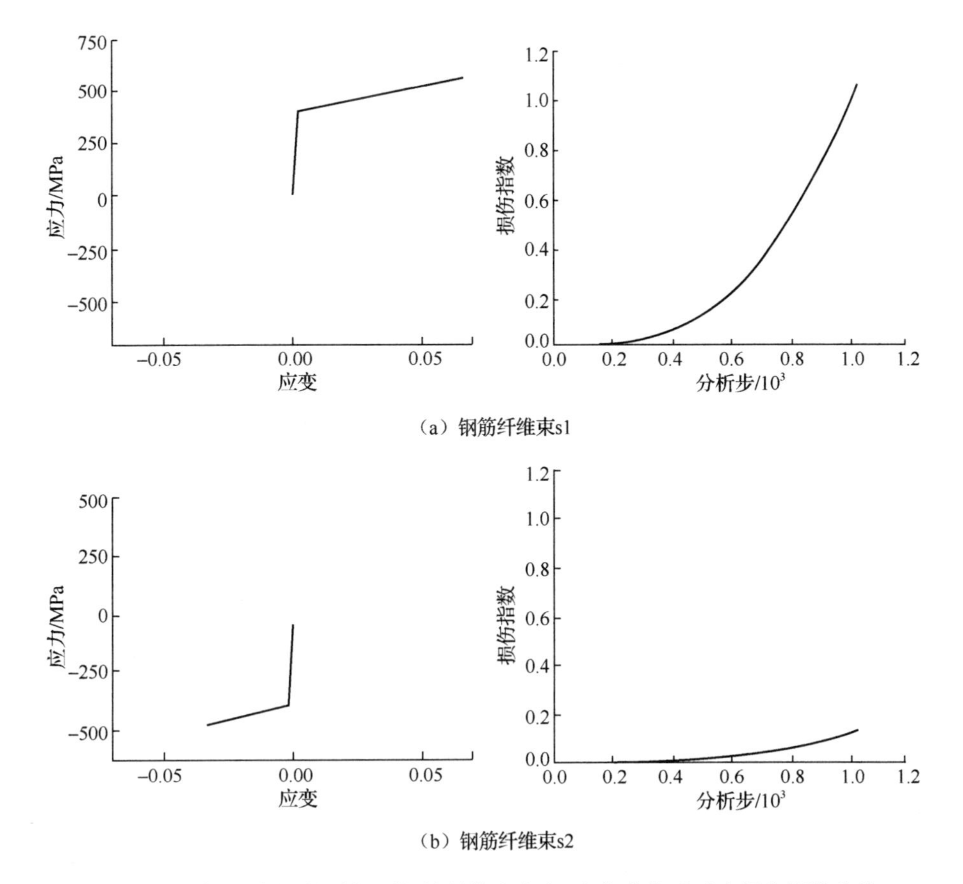

（a）钢筋纤维束s1

（b）钢筋纤维束s2

图 5-21 型钢混凝土柱受拉区钢筋纤维束应力-应变曲线及对应损伤指数曲线

表 5-9 在不同性能水准下的材料损伤指数限值

性能水准	损伤指数限值	
	文献[36]	文献[32]
基本完好	≤0.15	
轻微破坏	0.15～0.3	≤0.4
中等破坏	0.3～0.6	0.4～0.7
严重破坏	0.6～0.9	>0.7
倒塌	>0.9	

5.3.1.2 基于构件的损伤指数

在地震作用下，结构既会受到地震的冲击作用，也会因低周疲劳而产生累积损伤。基于结构变形的单一性能指标难以全面、准确地评估其抗震性能。Park-Ang 双参数损伤指数模型[39]是当前最常用的混凝土结构损伤量化指标模型，刘阳和郭子雄等[40]采用该损伤模型对型钢混凝土构件进行了抗震性能研究，并基于试验结果研究了该模型的有效性。

由于构件的损伤主要集中在塑性铰区，因此，本节通过塑性铰区的截面弯矩-曲率来计算截面的损伤指数，并采用构件两端最大值来表征构件的损伤。其计算式可以表示如下：

$$D=\frac{\phi_m}{\phi_u}+\beta\frac{\int dE_h}{M_y\phi_u} \tag{5-32}$$

式中，ϕ_m为截面最大曲率值；ϕ_u为截面的极限曲率值，取构件在单调荷载作用下，混凝土到达极限压应变或者钢筋达到极限拉应变时的最大值；M_y为屈服弯矩，Calvi 等在文献[41]中提出了M_y的建议计算式；β是与配箍率、剪跨比和配钢率有关的耗能因子，对于型钢混凝土组合结构，其值通常取 0.02[40]。

关于各个性能水准状态下的损伤指数限值，Park 等[39]首先提出采用 0.4 及以上来表示严重破坏，当计算损伤指数达到 1.0 及以上时，构件达到破坏，结构面临倒塌。随后，刘阳和郭子雄等[40]基于 14 个型钢混凝土构件也提出了各个性能水准对应状态下的损伤指数范围。郑山锁等[42,43]对高性能高强度的型钢混凝土框架结构提出了相应的损伤指数限值。Ang 等[44]在 Park-Ang 损伤指数的基础上，对桥梁结构提出了新的损伤水平划分限值。表 5-10 为上述文献提供的损伤指数限值参考值。

表 5-10　在不同性能水准下的构件损伤指数限值

损伤程度	损伤指数			
	刘阳等[40] SRC 构件	郑山锁等[42,43] SRC 框架结构	Park 等[39] RC 建筑	Ang 等[44] 桥梁结构
基本完好	<0.2	<0.3		
轻微破坏	0.2～0.5	0.3～0.45	<0.25	<0.25
中等破坏	0.5～0.7	0.45～0.65	0.25～0.4	0.25～0.4
严重破坏	0.7～0.9	0.65～0.8	0.4～1.0	0.4～0.8
倒塌	≥0.9	≥0.8	≥1.0	≥0.8

5.3.2　IDA 曲线对比分析

IDA 分析需要进行大量的弹塑性动力时程分析，下面将采用 MATLAB 软件来调用 OpenSEES 以实现自动运行动力时程分析，调幅地震动参数及数据导出，进行 IDA 分析。采用等步长调幅，便于采用 MATLAB 进行程序自动计算。图 5-22 为算例基于最大层间位移角（θ_{max}）、构件损伤指数（D_E）及材料损伤指数（D_m）的 IDA 曲线簇。

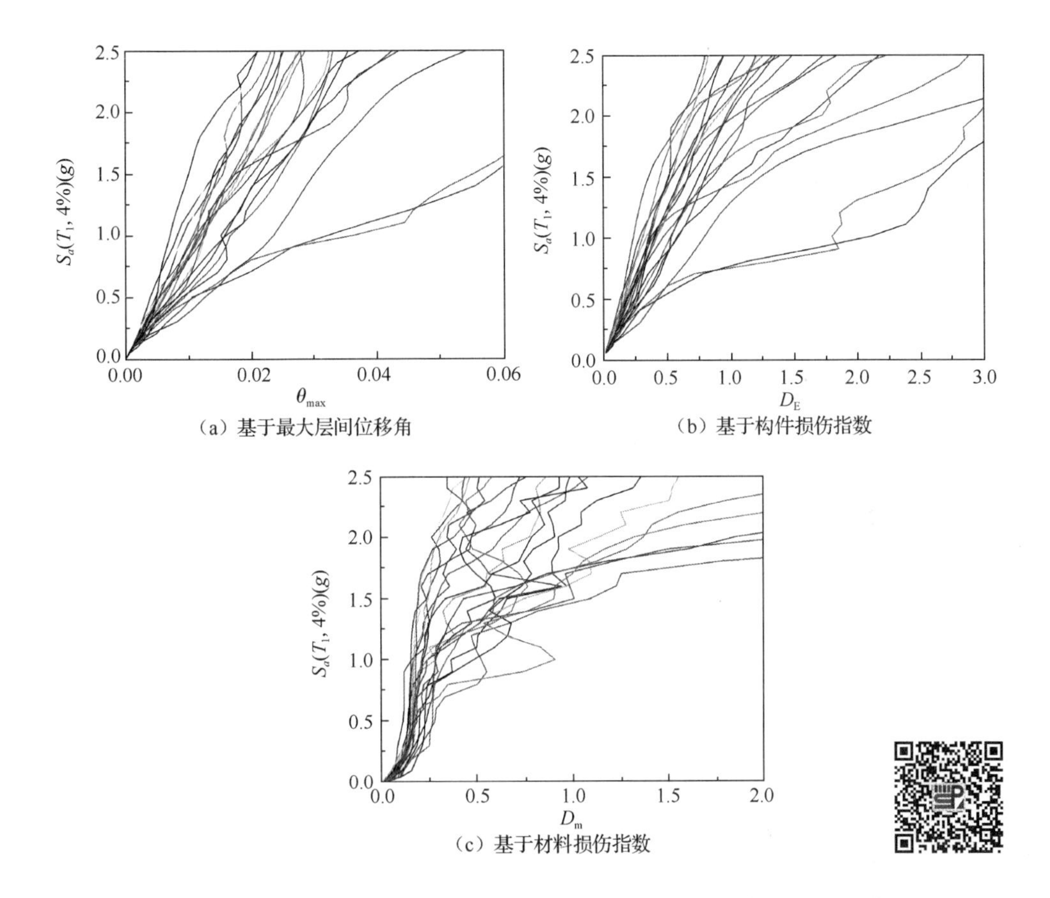

（a）基于最大层间位移角

（b）基于构件损伤指数

（c）基于材料损伤指数

图 5-22 基于不同工程需求参数的 IDA 曲线簇

由图 5-22 可知，与基于最大层间位移角的 IDA 曲线簇相类似，随着地震动强度参数 S_a 的增大，损伤指数也在不断增大，但并不一定是单调递增，即 IDA 曲线也存在增长、退化和过渡退化三种类型。其中，基于材料损伤指数的 IDA 曲线中增长型较多，即比较曲折，与前两者差异较大。当地震强度较小时，基于材料损伤指数的 IDA 曲线可以较好地体现结构损伤发展过程，当地震强度较大或者结构面临倒塌时，大部分曲线未产生平滑发展趋势，斜率未明显减小，分析其原因：一方面，基于材料损伤指数进行 IDA 分析时，充分考虑了混凝土和钢材的受力性能，当地震强度较大时，其计算所得损伤指数可能仍未达破坏状态；另一方面，由于在本构关系设置时，混凝土在达到极限压应变后强度不变，其损伤指数保持为 1.0，但是钢材仍然能够继续提高承载力，其损伤指数持续增大，甚至超过 1.0，因此，当结构损伤严重时，IDA 曲线体现了钢材损伤发展，最终导致了结构的 IDA 曲线呈现持续陡峭的发展趋势。

但是，基于构件损伤指数的 IDA 曲线与基于最大层间位移角的 IDA 曲线发展趋势相似，可以较好地反映结构从运行到接近倒塌的损伤发展过程。

基于不同 EDP 的 IDA 分位数曲线及其性能点如图 5-23 所示。由图 5-23 可知，在同一地震波的同一强度作用下，采用不同的 EDP 所判别的型钢混凝土框架结构性能状态可能不同，基于 D_m 和 D_E 的 IDA 中位数曲线在达到 CP 接近倒塌性能点后，曲线仍具有较大斜率，结构还可以继续承受更大的地震作用，基于 D_m 的 IDA 中位数曲线则相对平缓。基于 θ_{max} 的各性能点明显要比其他两者保守很多，采用材料损伤指数作为 EDP 时，各性能点对应的地震动强度参数较大，当 D_m=0.9 时，S_a=1.9g。同时，基于不同 EDP 所得 IDA 曲线的离散性不同，当地震动强度较小时，基于 D_m 的 IDA 曲线簇离散性最小，D_E 次之，θ_{max} 最大。当地震动强度较大时，采用 θ_{max} 与采用 D_E 作为 EDP 相类似，其稳定性都要大于基于 D_m 的 IDA 曲线簇。

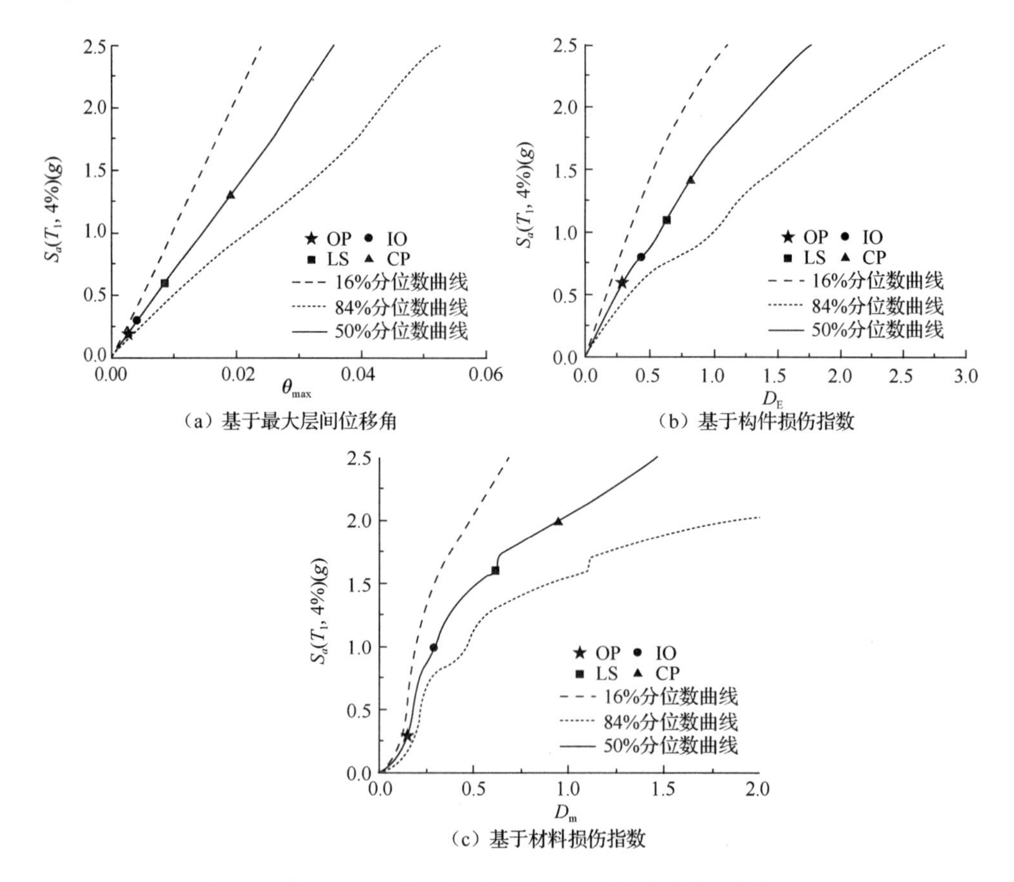

图 5-23　基于不同工程需求参数的 IDA 分位数曲线及其性能点

因此，不仅结构的非线性、地震波的种类、地震烈度、作用时间及 IM 的选取会影响 IDA 曲线形状，EDP 的选取同样也会影响其曲线形状。但总体上，基于 D_E 的预测结果与基于 θ_{max} 的 IDA 曲线簇更相似。

5.3.3 基于不同工程需求参数的易损性曲线对比分析

在进行地震易损性分析时，在基于性能的抗震设计中，极限状态也被称为结构性能水准。本节参考文献[29,35,40]中的研究成果，结合表 5-6、表 5-9 及表 5-10，确定出各个极限状态的限值，不同工程需求参数对应极限状态限值见表 5-11。

表 5-11 不同工程需求参数在各性能水准下的性能限值

性能水准	最大层间位移角 θ_{max}	构件损伤指数 D_E	材料损伤指数 D_m
OP	1/600	0.30	0.15
IO	1/400	0.45	0.30
LS	1/150	0.65	0.60
CP	1/50	0.80	0.90

5.3.3.1 基于材料损伤模型的地震易损性分析

在 5.2.2 节 IDA 分析数据的基础上，对所计算的 IM 和 EDP 取自然对数，以 ln(IM)为横坐标，ln(EDP)为纵坐标，按照式（5-12）进行线性回归拟合，如图 5-24 所示，得到 ln(EDP)-ln(IM)的线性关系。

图 5-24 中各地震概率需求模型线性拟合得

$$\ln(\mathrm{EDP}) = 0.986\ln S_a - 0.807 \qquad \beta_{\mathrm{EDP}}=0.6225 \tag{5-33}$$

根据表 5-11 中各性能水准下 D_m 的限值，由式（5-27）可以得到结构超越各性能水准的概率，即

$$P_{S_a} = \Phi\left[\frac{\ln\left(\dfrac{0.4462\times(S_a)^{0.986}}{C}\right)}{0.6225}\right] \tag{5-34}$$

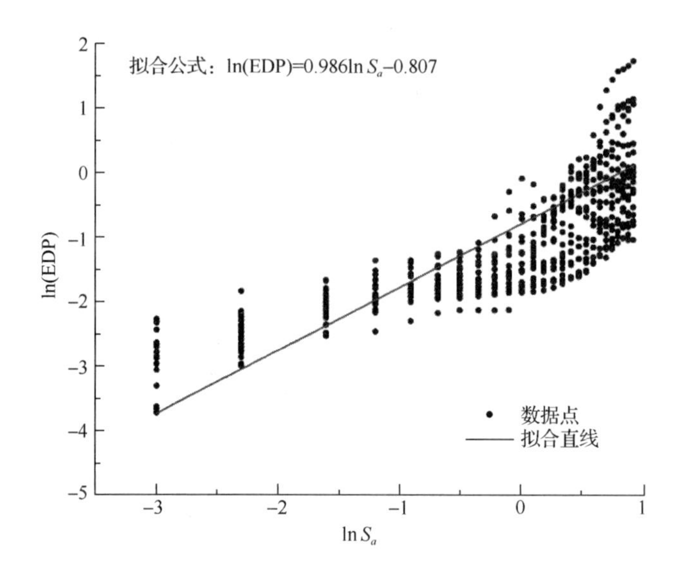

图 5-24　结构基于材料损伤指数下的地震概率需求拟合曲线

相应的结构地震易损性曲线如图 5-25 所示。

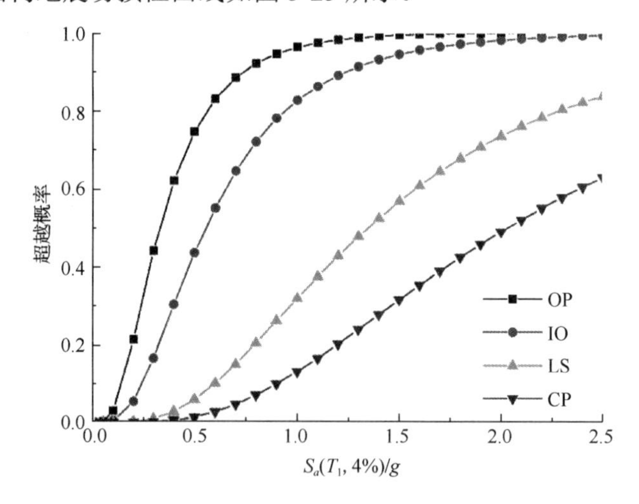

图 5-25　结构基于材料损伤指数下的地震易损性曲线

由图 5-25 可知，在不同地震动强度作用下，结构基于材料损伤指数的易损性分析能够预测各性能水准的失效概率，型钢混凝土框架结构的易损性曲线由 IO 运行状态到 CP 接近倒塌状态逐渐变得平缓，在相同地震动作用下，其失效概率逐渐减小，符合设计原则。同时，采用材料损伤指数计算所得型钢混凝土框架结构地震易损性的超越概率总体偏小，在地震动强度较大时，其倒塌概率仍能低于 70%。

5.3.3.2 基于构件损伤模型的地震易损性分析

同理，基于构件损伤指数的 IDA 分析数据的基础上，对所计算的 IM 和 EDP 取自然对数，以 ln(IM)为横坐标，ln(EDP)为纵坐标，按照式（5-12）进行线性回归拟合，如图 5-26 所示，得到 ln(EDP)-ln(IM)的线性关系。

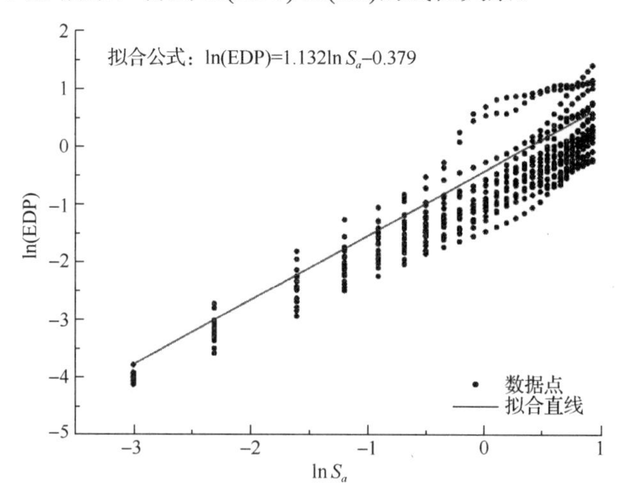

图 5-26 结构基于构件损伤指数的地震概率需求拟合曲线

图 5-26 中各地震概率需求模型线性拟合得

$$\ln(\text{EDP}) = 1.132\ln S_a - 0.379 \qquad \beta_{\text{EDP}}=0.5343 \tag{5-35}$$

根据表 5-11 中各性能水准下 D_{E} 的限值，由式（5-16）可以得到结构超越各性能水准的概率为

$$P_{S_a} = \Phi\left[\frac{\ln\left(\dfrac{0.6845\times\left(S_a\right)^{1.132}}{C}\right)}{0.5343}\right] \tag{5-36}$$

相应的结构地震易损性曲线如图 5-27 所示。与基于材料损伤指数的地震易损性曲线相类似，由 OP 运行状态到 CP 接近倒塌状态的曲线逐步平缓，在相同地震动强度作用下，其失效概率逐渐减小，曲线的发展趋势与设计原则相符。

综合以上基于损伤模型的地震易损性分析结果及基于最大层间位移角的地震易损性分析结果可知以下内容。

（1）各地震强度作用下得到的基于 $\theta_{\max}$ 和 D_{E} 的 ln(EDP)-ln(IM)近似呈线性关系，而基于材料损伤模型 D_{m} 的 ln(EDP)-ln(IM)线性关系并不明显，其地震概率需求模型数据的对数标准差也大于 $\theta_{\max}$ 和 D_{E} 对应的标准差。因此，基于材料损伤指数的地震概率需求模型仍然需要进一步修正。

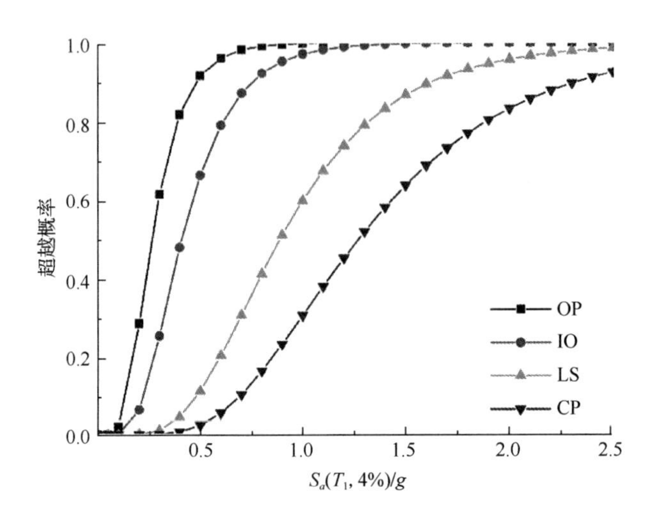

图 5-27　结构基于构件损伤指数的地震易损性曲线

（2）当地震作用较小时，结构运行极限状态的超越概率很高，但其他各性能状态的超越概率都很低，说明结构此时仍然处于弹性范围内，地震后可以正常使用。随着地震作用强度的增大，结构逐渐进入塑性阶段，超越立即使用极限状态的概率越来越大，但此时结构发生生命安全或者接近倒塌的概率仍然较小，结构仍可保证人员安全，不至倒塌。随着地震作用进一步增大，结构发生生命安全和接近倒塌的超越概率不断增大，最终导致结构震后倒塌。

（3）不同工程需求参数的地震易损性曲线发展规律相似，从运行状态发展到接近倒塌状态，易损性曲线逐渐变得扁平，相同地震强度下，其超越概率逐渐减小，与结构设计原则相吻合，基于 D_E 和 D_m 的地震易损性分析方法能够预测型钢混凝土框架结构在不同地震强度下各性能状态的失效概率，具有良好的可行性。

5.3.3.3　地震易损性分析结果的对比研究

由图 5-28 可知，在地震强度较小时，结构接近完好或损伤程度较小，在不同性能水准下采用不同 EDP 所得地震易损性曲线基本重合；在地震强度较大时，结构局部或整体产生不同程度的损伤，在同一性能水准下，采用不同 DEP 对地震易损性曲线影响较大。总体上，在不同性能状态下，各易损性曲线均表现出结构基于 θ_{max} 的超越概率最大，基于 D_E 的超越概率次之，基于 D_m 的超越概率最小，表明基于 θ_{max} 的抗震性能评估结果过于保守，结构在 LS 状态下仍然有较强的变形和承载能力，故低估了型钢混凝土框架结构的抗震性能，会造成结构抗震性能富余。

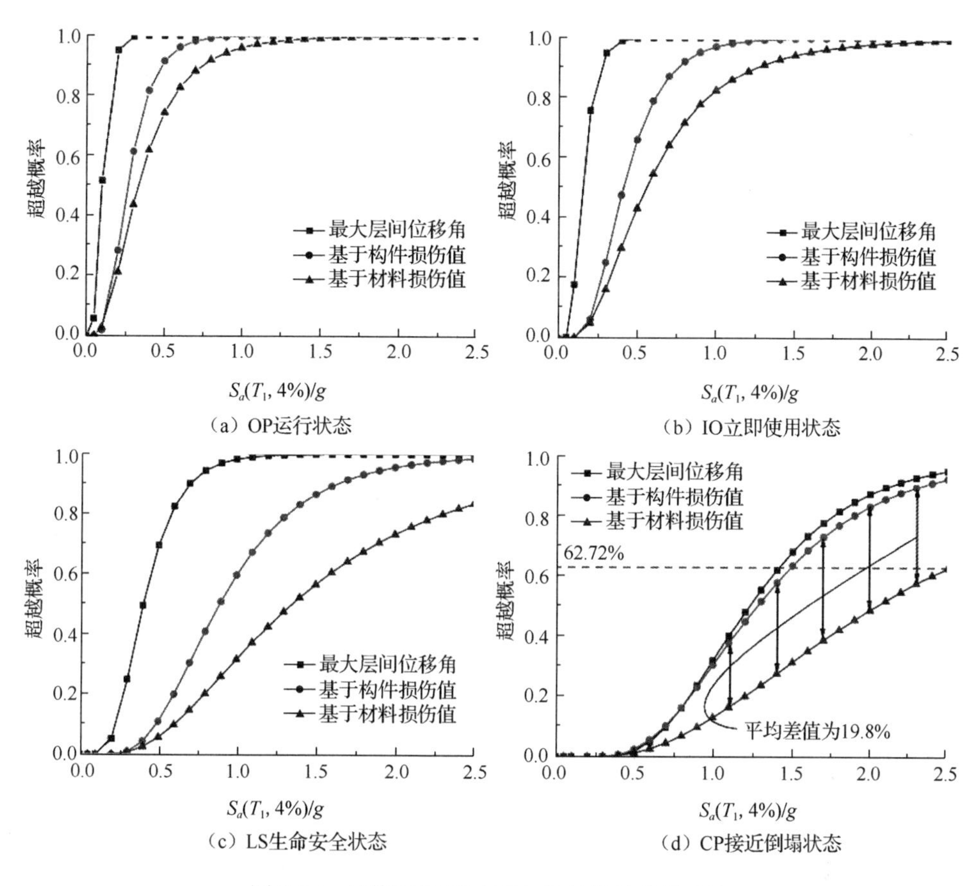

(a) OP运行状态　(b) IO立即使用状态　(c) LS生命安全状态　(d) CP接近倒塌状态

图 5-28　结构基于不同 EDP 的易损性曲线对比

究其原因，基于最大层间位移角的易损性分析方法只考虑了位移首次超越损伤破坏，而没有同时考虑因低周往复荷载作用造成的累积损伤破坏，型钢混凝土框架结构因内置型钢的存在具有很好的延性，尽管在实际工程和试验中其位移角很容易达到性能水准状态的限值，但结构本身仍然具有足够的承载能力。同时，基于构件损伤指数的易损性分析方法考虑了结构的非线性变形和累积损伤，由式（5-32）可知，Park-Ang 损伤指数模型在考虑耗能累积损伤的同时，也减少了由累积耗能造成的损伤贡献，而型钢混凝土框架结构因型钢的加入使其具有良好的耗能能力，其耗能因子β远小于 RC 结构。基于材料损伤指数的抗震性能评估方法则充分发挥材料的力学性能与结构自身的受力性能，故其超越概率最低。

由图 5-28（a）～（c）可知，基于 D_E 的性能超越概率稍小于基于θ_{max}的性能超越概率，但在工程上是可以接受的。故对于型钢混凝土框架结构，采用基于构件损伤指数的易损性评估结果则更具有实际应用价值，避免了过于保守的设计方案而造成的经济成本浪费。当结构达到接近倒塌性能状态时，由大变形所造成的损伤贡献大于累积耗能损伤，故其易损性评估结果基本由变形控制，由图 5-28

（d）可知，基于最大层间位移角的易损性曲线和基于构件损伤指数的易损性曲线基本重合（超越概率平均相差 2.2%），这也为结构在大震作用下的安全性提供了保障。当采用材料损伤指数作为 EDP，在 S_a 为 2.5g 时，其接近倒塌的超越概率仅为 62.73%，结构相对偏不安全。但其评估结果始终小于基于构件的损伤指数易损性评估结果（超越概率平均相差 19.84%），这为采用基于构件损伤指数作为 EDP 的型钢混凝土框架结构地震易损性分析结果提供了充分的安全储备。

综上所述，型钢混凝土框架结构采用构件损伤指数作为 EDP 进行地震易损性分析更加实际且经济有效。

参 考 文 献

[1] 刘祖强, 薛建阳, 赵鸿铁, 等. 损伤型钢混凝土异形柱框架抗震性能试验研究[J]. 土木工程学报, 2013, 28(8):53-61.
[2] 傅传国, 李玉莹, 梁书亭, 等. 预应力和非预应力型钢混凝土框架受力及抗震性能试验研究[C]//全国防震减灾工程学术研讨会, 2007.
[3] 李忠献, 张雪松, 丁阳. 翼缘削弱的型钢混凝土框架抗震性能研究[J]. 建筑结构学报, 2007, 28(4):18-24.
[4] 戴国亮, 蒋永生, 傅传国, 等. 高层型钢混凝土底部大空间转换层结构性能研究[J]. 预应力技术, 2006, 36(1): 24-32.
[5] 阿尔曼. 翼缘削弱的型钢混凝土框架抗震性能试验研究[D]. 天津: 天津大学, 2007.
[6] 任亚平. 型钢混凝土框架结构受力性能研究[D]. 西安: 西安科技大学, 2012.
[7] 高峰, 熊学玉. 预应力型钢混凝土框架结构竖向反复荷载作用下抗震性能试验研究[J]. 建筑结构学报, 2013, 34(7): 62-71.
[8] 薛伟辰, 胡翔. 钢骨混凝土框架滞回分析研究[J]. 地震工程与工程振动, 2005, 25(6): 76-80.
[9] 刘祖强, 薛建阳, 倪茂明, 等. 实腹式型钢混凝土异形柱边框架拟静力试验及有限元分析[J]. 建筑结构学报, 2012, 33(8): 23-30.
[10] 柯晓军, 陈宗平, 薛建阳. 型钢高强混凝土柱抗震性态水平及性能指标[J]. 工程抗震与加固改造, 2017, 39(1): 30-34.
[11] 雷思维. 型钢再生混凝土框架-再生砌块填充墙结构抗侧性能试验研究[D]. 西安: 西安建筑科技大学, 2014.
[12] POLAND C, HILL J, SHARPE R, et al. Performance based seismic engineering of buildings final report[M]. Structural Engineers Association of California, 1995.
[13] MEENA N, GHOSH G, PAL P. Performance-based seismic design of buildings[C]//An International Conference on Recent Trends & Challenges in Civil Engineering, 2014.
[14] 吕静, 刘文锋, 王晶. 钢筋混凝土框架结构抗震性能目标的量化研究[J]. 工程抗震与加固改造, 2011, 33(5): 80-86.
[15] 唐六九. 型钢混凝土框架结构量化性能指标的理论分析[J]. 土木工程与管理学报, 2011, 28(3): 193-194, 205.
[16] BERTERO V. Stength and deformation capacities of buildings under extreme environments[J]. Engineering Structures, 1977: 211-255.
[17] VAMVATSIKOS D, CORNELL A. Incremental Dynamic Analysis[J]. Earthquake Engineering and Structural Dynamics, 2002, 31(3): 491-514.
[18] 孙文林. 基于性能的钢框架结构非线性地震反应分析[D]. 长沙: 湖南大学, 2006.
[19] 王东超. 结构地震易损性分析中地震动记录选取方法研究[D]. 哈尔滨: 哈尔滨工业大学, 2016.
[20] NAU J M, HALL W J. Scaling methods for earthquake response spectra[J]. Structure Engineering,1984, 110(7): 1533-1548.

[21] SHOME N. Probabilistic seismic demand analysis of nonlinear structures[D]. California: Stanford University, 1999.
[22] 叶列平, 马千里, 缪志伟. 结构抗震分析用地震动强度指标的研究[J]. 地震工程与工程震动, 2009, 29(4): 9-22.
[23] 何承华. 对应于不同性能水准的 RC 框架结构易损性分析研究[D]. 重庆: 重庆大学, 2012.
[24] 周颖, 苏宁粉, 吕西林. 高层建筑结构增量动力分析的地震动强度参数研究[J]. 建筑结构学报, 2013, 34(2): 53-60.
[25] JALAYER F, CORNELL C A. A technical framework for probability-based demand and capacity factor design (DCFD) seismic formats[R]. Pacific Earthquake Engineering Research Center, 2004.
[26] 陆新征, 叶列平, 缪志伟. 建筑抗震弹塑性分析: 原理、模型与在 ABAQUS, MSC. MARC 和 SAP2000 上的实践[M]. 北京: 中国建筑工业出版社, 2009.
[27] SEAOC VISION 2000 Committee. Performance-based seismic engineering[R]. Sacramento, California, U.S: Structural Engineers Association of California, 1995.
[28] 雷健. 型钢混凝土框架结构基于位移的抗震设计理论和方法[D]. 西安: 西安建筑科技大学, 2008.
[29] FEMA-356. Prestandard and commentary for the seismic rehabilitation of buildings[R]. Washington D.C.Federal Emergency Management Agency, 2000.
[30] 龚思礼. 建筑结构设计系列手册: 建筑抗震设计手册[M]. 2 版. 北京: 中国建筑工业出版社, 2003.
[31] HEO Y. Framework for damage-based probabilistic seismic performance evaluation of reinforced concrete frames[D]. California: University of California, 2009.
[32] MINER M A. Cumulative damage in fatigue[J]. Journal of Applied Mechanics, 1945,12(3): 159-164.
[33] COFFIN Jr L F, WESLEY R P. An apparatus for the study of the effects of cyclic thermal stresses on ductile metals[R]. Knolls Atomic Power Lab, 1952: 104.
[34] 赵钢. HRB335 钢多轴低周疲劳寿命预测模型评估[D]. 广西: 广西大学, 2015.
[35] 杜晓菊. RC 框架结构基于损伤的抗震性能评估方法研究[D]. 武汉: 华中科技大学, 2015.
[36] KUNNATH S K, EL-BAHY A, TAYLOR A W, et al. Cumulative seismic damage of reinforced concrete bridge piers[R]. US National Center for Earthquake Engineering Research, 1997: 105.
[37] 万冲. 震损型钢混凝土框架柱外包钢加固试验研究[D]. 荆州: 长江大学, 2017: 107.
[38] XU C X, DENG J, PENG S, et al. Seismic fragility analysis of steel reinforced concrete frame structures based on different engineering demand parameters[J]. Journal of Building Engineering, 2018 (20): 736-749.
[39] PARK Y J, Ang A H-S. Mechanistic seismic damage model for reinforced concrete[J]. Journal of Structural Engineering, 1985, 111(4):722-739.
[40] 刘阳, 郭子雄, 黄群贤. 型钢混凝土柱的损伤模型试验研究[C]//全国随机振动理论与应用学术会议, 2010: 109.
[41] CALVI G M, PRIESTLEY M J N, KOWALSKY M J, et al. Displacement-based seismic design of structures[J]. Earthquake Spectra, 2008, 24(2): 108-131.
[42] ZHENG S S, WANG B, ZHANG L, et al. Dynamic damage analysis of SRC frame structure under earthquake action[J].Key Engineering Materials, 2008(4):385-387, 110.
[43] ZHENG S S, ZHANG L, WANG B, et al. Damage analysis of the SRHSHPC frame columns under low cyclic reversed horizontal loading[J]. Key Engineering Materials, 2008: (385-387):97-100, 111.
[44] ANG A H-S, KIM W J, KIM S B. Damage estimation of existing bridge structures[C]. Structural Engineering in Natural Hazards Mitigation, New York: American Society of Civil Engineers, 1993:1722.